生命之钥：解密生理学

[俄] 亚·米·尼科尔斯基　著

王虹元　译

张晓菲　王　茜　审校

U0253645

中国青年出版社

图书在版编目（CIP）数据

生命之钥：解密生理学 /（俄罗斯）亚·米·尼科尔斯基著；王虹元译 . —— 北京：中国青年出版社，2025. 1. —— ISBN 978-7-5153-7467-3

Ⅰ. Q4-49

中国国家版本馆 CIP 数据核字第 2024ET0811 号

责任编辑：彭岩
出版发行：中国青年出版社
社　　址：北京市东城区东四十二条 21 号
网　　址：www.cyp.com.cn
编辑中心：010 - 57350407
营销中心：010 - 57350370
经　　销：新华书店
印　　刷：三河市君旺印务有限公司
规　　格：660mm × 970mm　1/16
印　　张：11
字　　数：135 千字
版　　次：2025 年 1 月北京第 1 版
印　　次：2025 年 1 月河北第 1 次印刷
定　　价：58.00 元

如有印装质量问题，请凭购书发票与质检部联系调换
联系电话：010 - 57350337

目录

第一部分　消化

1. 杯中的消化实验

消化器官的任务是把食物转化为能被肠壁吸收并由此进入血液的液体。我们的食物含有以下固体成分：

①所谓的碳水化合物，其中最重要的是淀粉和糖。

②蛋白质，一个典型的例子是鸡蛋清；肉和谷物都富含蛋白质。

③油脂，不仅包括肉里的脂肪，还包括植物油。

糖很容易溶解在唾液及其他消化液中。土豆等食物中富含的淀粉是不可溶的，但会在唾液的作用下转化成糖，再被消化吸收。而蛋白质是在胃分泌的胃液作用下，进行消化。胃液含有游离的盐酸和一种叫作"胃蛋白酶"的特殊物质。在胃蛋白酶和酸的作用之下，食物中的蛋白质变成一种特殊的液体，我们称之为"蛋白胨"。蛋白胨看起来就像生鸡蛋清，是蛋白质初步消化的产物，很容易被肠壁吸收。

从胃液中分离出胃蛋白酶并不难。在药店就可以买到现成的猪胃蛋白酶粉末。因为猪和人都是杂食动物，所以猪的胃蛋白酶与人类的也相似。医生会让胃消化不良的病人服用胃蛋白酶，可以用这样的胃蛋白酶制成人造胃液，在杯子里模拟消化过程。为此需要准备约 100 毫升水，加入 200 毫克猪胃蛋白酶和 10 毫升 3% 的盐酸溶液。把装有这种胃液的杯子放在温暖的地方，并向其中放入一小片煮熟的鸡蛋清。一天之后再来看那片蛋清，你会发现它消失了，似乎已经溶解在胃液里。实际上蛋白质是被消化了，也就是变成了液态的蛋白胨。

同样可以用实验的方法轻松证明淀粉会在唾液的作用下变成糖。做这个实验需要用试管取少量自己的唾液，稍微用水稀释一下，摇匀，然后在水面上倒薄薄一层淀粉糊。试管应置于人类的体温条件下，因此需要将其放入相应温度的热水。大约一刻钟后再尝尝这淀粉糊，你会发现它有了甜味。

　　食物里的油脂不能直接被肠壁吸收。如果要使吸收成为可能，油脂得先变成所谓的乳浊液，而这乳浊液其实还是油脂本身，只不过是打碎成了极小的颗粒。我们常喝的牛奶就是这样的乳浊液：它由悬浮在牛奶液体部分的微小脂肪颗粒组成；如果用力搅拌，这些颗粒便会粘在一起，形成奶油。

　　乳浊液很容易被肠壁吸收，而使油脂形成乳浊液的是一种特殊腺体的分泌液，这个腺体叫作"胰腺"。它位于胃下方，并有管道通向肠道的起始部分——"十二指肠"。

2. 为什么胃不会把自己消化？

　　如果把一条死去的狗放在气温与活狗体温相同的场所，几小时之后解剖它的胃，会发现胃已经被胃液彻底腐蚀；胃开始自己消化自己了。可为什么活狗和活人体内的胃却不会把自己消化呢？

　　实验表明，胃液只有在含有游离盐酸时才能发挥消化作用。而有活性的胃黏膜不会把自己消化掉，主要是因为它有几道强大的保护屏障。有活性的胃黏膜细胞会分泌大量的黏液，这些黏液形成一层保护膜，覆盖在胃壁上，防止胃酸和胃蛋白酶直接接触胃壁。而且这些黏液中含有碳酸氢盐，呈弱碱性，可以中和部分胃酸，进一步保护胃壁，阻碍胃液对胃的消化作用。

　　有一种病叫作"消化性胃溃疡"。通常认为，患这种病的原因就是胃的保护屏障减弱了，导致胃液开始侵蚀胃本身。

3. 没有胃也能活命吗？

　　胃在消化中扮演的角色太重要了，看来人和动物没有胃就活不成了。

可是，曾有人在实验中切掉狗的胃，把肠道直接和食道缝在一起，却发现狗仍然活了相当长的一段时间，而且其消化机能也没有观察到什么明显的损害。

后来在人身上也动了类似的手术：这是因为病人的胃已经受到恶性肿瘤损害而不得不采取的措施。结果发现，人在没有胃的情况下也能活，而且说不定还活得挺久。这类事实说明，消化器官的不同部分可以在一定程度上彼此替代。一个部分功能的不足或缺失可以通过另一部分加强运作来弥补。

在这种情况下，胃的缺失主要是由胰腺加强运作来补足的。胰腺分泌的胰液不仅可以使油脂转化为乳浊液，还可以像胃液一样使蛋白质转化为蛋白胨，像唾液一样使淀粉转化为糖。

4. 为什么人会没有食欲？

我们可以给狗做手术，使它的胃直接和外部环境连通。为此需要在腹壁上切一个小口，通过切口把胃拉出来，在胃上面打个小洞，再往小洞里插入特殊的龙头。把伤口缝好，它很快就自己愈合了，而这只胃上有龙头的狗还可以活很长时间。如果给这样的狗看一块肉，那么它不仅会开始分泌唾液，而且会分泌胃液。胃液的分泌还会引起"食欲"，也就是想吃东西的欲望。如果给这样一条看见食物就加强分泌胃液的狗看一只猫，分泌活动会马上停止；就算马上把猫弄走，这种情况也会持续15分钟。这个实验表明，动物的紧张状态会影响分泌胃液的腺体的活动。这种状态会使动物丧失食欲。

由此不难理解，为什么剧烈的情绪波动会使人丧失食欲。要是人在这种时候强迫自己吃东西的话，胃就会因为分泌不出足够的胃液而消化不了吃下去的食物。

5. 为什么人不爱吃煮老的牛肉？

"胃造瘘"，也就是借助龙头连通胃和外部环境的操作，它不仅可以用于狗，还常常用在人身上。什么情况下会用到胃造瘘呢？举个例子，有些病变会导致消化道变窄，以致固体食物和液体食物都无法通过。在这种情况下，胃造瘘管会被做得很粗，这样就可以使食物块直接通过它进入胃里。人们出于实验目的，也尝试过专门在狗胃中打通这样的瘘管。

狗和人的实验都说明，食物中有些成分对胃腺的影响特别大。它们使胃腺分泌出特别多的胃液。由于食物是在胃液中消化的，所以这些随食物一起摄取的物质尤其能促进食物的消化。比如食盐的主要成分是氯化钠，它能刺激味觉，增加唾液和胃酸的分泌，大概正是这个缘故，我们才这么喜欢往食物里加盐。

肉的"精华"是一种对于胃酸分泌影响很大的物质。所谓"精华"是煮肉时分离出来的物质，也是肉汤的主要成分。煮久的肉汤本身没什么营养，可为什么还要拿它给病人喝呢？第一，肉汤的味道很好；第二，它可以促进胃液分泌。煮老的肉和没有煮老的肉相比，促进胃酸分泌的能力就差多了。而煮熟的蛋白、谷物和煮过的淀粉在这方面的表现就更糟糕了。如果在狗看不到的情况下把这些物质通过瘘管送进狗胃里，它们会由于没有胃液分泌而留在胃里，整整三个小时都消化不了。

6. 消化与心理

动物和人的胃造瘘实验表明，心理影响对胃的运作而言意义重大。如果在狗看不到的情况下，通过瘘管往它胃里注入食物，胃液分泌会开始得

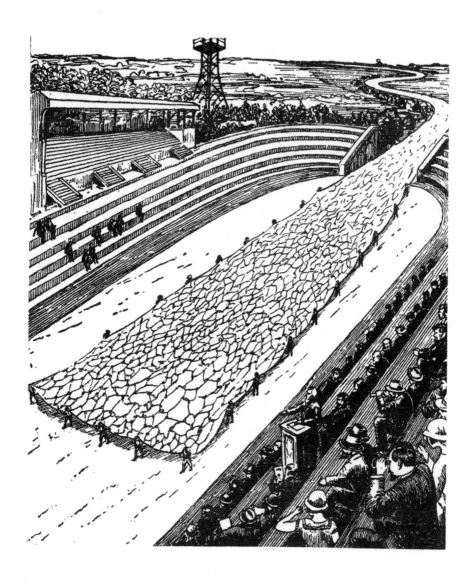

图 1　如果把人的消化道放大 300 倍，它将成为一条宽 15 米、长约 2.5 千米的大地毯。

非常晚，要过 20 ～ 25 分钟；而且胃液的分泌量也不大，食物很久也消化不了。如果把同样的食物通过狗的嘴巴喂给它，让它闻到和尝到食物的味道，胃液 6 ～ 7 分钟后就会开始分泌，而且还分泌得很多。要是给狗看点诱人的美食，也就是非常好吃的食物，胃液的分泌就会特别明显；在这种情况下，食物的消化会显著加快。

对狗进行的实验还表明，只要看到或闻到食物就能刺激狗分泌胃液。而对人来说，哪怕只是在脑子里想象美食，就能引起胃液的分泌。

7. 长生不老药

亚洲地区的百姓普遍以白米饭为主食，那里曾流行着一种叫作"脚气病"的奇怪疾病。其症状表现为虚弱、消瘦，多数情况下还会致死。在研究病因的过程中，医生发现患这种病的都是食用机器去壳大米的人，食用手工去壳大米的人则不会患病。

这里面的主要区别在于对大米的加工方式不同，在机器去壳的大米中，稻米的谷皮被分离并丢弃，而在手工去壳过程中，谷皮却留了下来。两种大米的差异不禁使人想到，正是谷皮中的某种成分使大米变得适合食用，没了它大米就不是什么好食物了。这个推测还有一个证据：如果把煮过谷皮的水加入食物，不仅会使机器加工的大米变得无害，还能治愈"脚气病"的患者。

还有一个事实可以说明去壳的大米是多么有害——哪怕是食谷动物，如果只摄入无壳大米肌体也会垮掉，严重时可能导致死亡。

后来又发现，其他一些食品中也存在某种未知的物质，没有它的话，虽不能说食物变得有害，但至少缺少了很多益处。当动物把这种物质随食物一起摄入胃中，它就好像给了动物生命似的。因此，人们给这种物质起

图2 "脚气病"患者。

了个响亮的名字——"维他命"（Vitamin，音译）。这里的"维他"来自拉丁语 *vita*，意为"生命"，可以翻译成"维持生命的营养素"，因此它的中文名称就是"维生素"。像稻米一样，豌豆、小麦和玉米等各类种子里的维生素也大多存在于外壳中。牛奶、黄油、生的卷心菜、鱼子、肝脏、牛肉、土豆、水果、菠菜和其他许多食物中也含有维生素。

进一步研究表明，维生素有很多种，分为两类，水溶性维生素和脂溶性维生素。"水溶性维生素"易溶于水而不易溶于非极性有机溶剂，吸收后很少在体内储存，多余的可随尿液排出；"脂溶性维生素"易溶于非极性有机溶剂，而不易溶于水，可随脂肪被人体吸收并在体内储存。这里介绍三种重要的维生素。

维生素 B 存在于鸡蛋、大豆、豌豆、玉米、麦麸、谷皮、土豆皮、苹果、胡萝卜、卷心菜、牛奶、牛肉中。食物中缺乏这种维生素会使人患上"脚气病"。如果只喂食去壳大米的话，动物也会患上这种病，但只要在食物中加入含有 B 族维生素的物质，它们很快就会好转。这类维生素在酵母中特别丰富，因此在一些情况下，给孩子服用酵母是很有好处的。在小麦粒中，这些维生素主要位于外层，因此精制白面中几乎没有维生素 B，而在磨得很粗糙的灰色小麦粉中却有很多。在黑麦粒中，维生素的分布是均匀的，所以黑麦面包总是含有维生素 B。一般烹调食物的温度不会对维生素 B 产生影响，但更高的温度就会破坏它。因此它可以在煮过的白菜、豌豆、大豆和黑麦面包中维持原样，但这些食物的罐头制品里面维生素 B 大大减少了，因为罐头必须经过极高温度的持续加工。

维生素 C 存在于植物性食物中，也就是卷心菜、生菜、菠菜、西红柿、面粉和水果等；它在柠檬汁、橙汁以及土豆和草莓中的含量特别多。动物产出的物质也会含有维生素 C，尤其是奶和蛋。食物中缺乏这种维生素会导致众所周知的坏血症，蔬菜比较缺乏的北方国家居民尤其容易患上这种

图 3　只吃去壳稻米的鸽子患上了"脚气病"。

图 4　患"脚气病"的鸽子在摄入含有维生素 B 的酵母萃取物三小时后的样子。

病。食物中的维生素 C 含量会受到保存时间的影响。刚采摘的新鲜蔬菜含有很多维生素 C，而在冬天，维生素的含量随着保存时间的延长逐渐减少，结果到了春天就所剩无几了。

牛奶、人乳和鸡蛋中的维生素 C 含量取决于奶牛、妇女和母鸡摄取的食物种类。如果哺乳期的妇女吃的食物不含这种维生素，她的孩子可能会患上婴儿坏血病。与其他维生素相比，维生素 C 更容易在加热时分解；一些食物中的维生素 C 在 70℃时就已经消失不见了。

因此，虽然直接喝生牛奶对健康益处更大，可惜这样会引发其他的风险。所以最好还是将牛奶煮沸，但是不要煮得太久，在加热和接触空气的过程中维生素 C 会分解或流失。由于多数维生素都主要存在于种子外壳或果皮中，因此在食用时应该连皮一起吃掉。

维生素 D 存在于海鱼、动物肝脏、蛋黄和瘦肉等食物中，在鱼油里特别丰富。如果食物中缺乏这种维生素，幼小的肌体会发育得很不好，骨骼得不到足够的钙质，小孩子会患上一种名为"佝偻病"的疾病。这种维生素易溶于油脂。

如果用缺乏维生素 D 的食物喂小狗，它会发育得很差，骨骼中没有足够的钙质累积，在站立时腿会弯曲成弧形。如果用这种食物来喂成年狗，它会面临消瘦、骨质疏松和浮肿等一系列问题。除了饮食缺乏维生素 D 以外，因生活在糟糕的空气、潮湿的环境中而较少沐浴阳光以及运动不足也会加重儿童的佝偻病。但即便在这种情况下，只要在食物中加入含有维生素 D 的物质（特别是鱼油），就能阻止疾病进一步恶化。

由于同一种维生素可以在不同的食物中存在，所以一种食物中的某种维生素如果出于某些缘故被破坏了，也可以吃有相同营养成分的其他食物来替代。由此可知，单一化的饮食是有害的，当然也会很快就让人吃腻。所以，要求多样化的饮食不能说是一种任性。还有一点也很清楚了：

缺乏维生素导致的疾病，需要给病人的饮食补充含有该维生素的物质来治疗。因此，鱼油对治疗佝偻病大有益处，而要治疗坏血症，可以多喝柠檬汁。

第二部分　血液循环

1. 心有好坏之分吗?

古时候，人们就认为心是能够产生凶狠、善良、勇敢、懦弱等各种心理机能的器官。即便是现在，我们也会使用"好心肠和坏心肠""怒火攻心""心旷神怡"之类的表达，还会形容人"真心实意"或"全无心肝"。这些表达都说明，我们如今也仍然认为心有参与精神活动的功能。然而事实上，心脏唯一的功能就是推动血液在血管中流动。它像泵一样将血液压入动脉、吸出静脉。除了疼痛，心脏什么都感受不到。

人们认为心脏掌管感受的依据是它的运作密切依赖于神经系统。很多神经都通往心脏，其中一些加快心脏收缩，另一些则使之减缓。除此之外，还有专门的神经可以在不影响心脏收缩速度的情况下使收缩增强，也就是使心脏更加有力，另外一些则减弱心脏的运作。如果我们将狗体内两侧所谓迷走神经都切断，它的心脏收缩将会明显加快。由此可见，这种神经可以防止心脏过速收缩，避免心脏太快陷入疲劳。相反，如果切断另一些神经，心脏的收缩速度将会降低。

由于神经与唯一能够产生各种情感的大脑相连，所以精神状态也会影响心脏的运作。快乐的感受使它跳动得更快；相反，痛苦、惊恐乃至一般的压抑状态都会使心脏收缩变慢和减弱。

我们平常的思维也会对心脏产生影响。如果在平静状态下回想起快乐的事，心跳也会随之加快。

同样会影响心脏的还有我们通过感官获得的简单知觉。温暖使心脏加快跳动，寒冷则会使之减慢。痛觉对心脏的影响非常强烈。像拔牙这种剧烈的疼痛可能会导致昏厥，而昏厥正是心脏暂时停止工作的结果。重击人的腹部也可能导致心脏骤停，进而引发死亡。

2．心跳声

如果把耳朵贴近人胸口处心脏所在的位置，可以听到它像钟摆一样发出有节奏的"怦怦"声。要想搞清这种声音是怎么发出来的，就得先了解心脏的构造。

心脏可以分为四个部分。血液进入的两个部分叫作心房；血液流走的两个部分叫作心室。在心脏的左半边，也就是在左心房和左心室中流过的是动脉血，即含有氧气的血液。动脉血从肺部进入左心房，由左心房进入左心室，从那里通过主动脉和动脉流遍全身。流经心脏右半部分的是静脉血，也就是含有二氧化碳的血液。来自全身各处的血液汇至右心房，从右心房进入右心室，再被心室压进肺部，在那里通过气体扩散作用，血红蛋白与氧气结合，与二氧化碳分离，静脉血变成了动脉血。左右两侧的心房和心室之间都有瓣膜。瓣膜就像水泵的单向阀一样，让血液只能从心房流向心室而不能回流。在心室收缩时，瓣膜会一下子合上，把孔洞封住。

还有一种功能相似但结构不同的瓣膜，位于从左心室延伸出来的主动脉开端，以及从右心室延伸

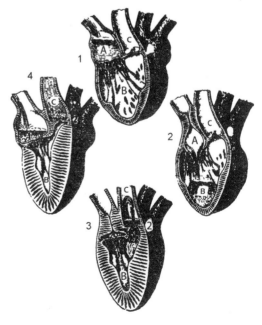

图 5 心脏的运作——四个连续的阶段。

出来的肺动脉开端，它们可以阻止血液从主动脉回流到心室。

我们听到的第一声心跳"怦"是心室收缩时，心房与心室之间的瓣膜猛地合上的声响。第二声心跳"怦"则是在心室完成收缩之后，主动脉及肺动脉开端处的瓣膜猛然闭合产生的。

3. 什么是脉搏？

如果把手指放在靠近发际线的太阳穴上，你会感觉到一阵阵的跳动。医生一般会在手腕上数它的次数。这种跳动就是脉搏。产生跳动是因为左心室通过收缩将血液推入动脉，这股血液撑开富有弹性的动脉壁，引发了动脉壁的扩张。随着这股血液的流动，扩张部位顺着动脉向前推移，到了我们能摸到脉搏的地方，便产生一次手指能感觉到的跳动。由于心脏每次收缩都有一股血流进入动脉，所以一分钟内脉搏的次数也就等于这段时间里心跳的次数。一个健康成年男性的心脏每分钟收缩 60 ～ 100次，女性一般会快一点，小孩子还会更快。在进行高强度体力劳动、寒热病发或处于愤怒状态时，心脏收缩的频率可达到每分钟 150 次。靠着脉搏不仅能了解心脏收缩的速率，还可以知道它收缩的强弱如何，脉搏是有强弱之分的。

4. 不要去想自己的心！

前面我们讲过，心脏的活动与神经系统紧密相关。只要想一想高兴的事，心脏的运作就会马上加强。心理波动都常常会反映在心脏的运作上。因此，许多心脏功能障碍都可能由纯粹的神经因素引发。心脏本身可以非常健康，但如果神经出了故障，心脏也会出现问题。神经质的人如果觉得心脏不太正常，并且一直想着这件事，可能真的会给自己招致心脏疾病。所以，不要老是去担"心"。

5. 久坐的生活方式与血液循环

血液从心脏出发，在心脏收缩的推动下沿着动脉流动。血液流过动脉和水流过消防泵管道的原理相同。当心脏将血流推入动脉时，这股血流导致动脉壁扩张，所以手指按在动脉上就会感觉到脉搏。而动脉在接近需要由它供血的器官时，会分散成很多非常细小的管道。这些管道被称为毛细血管或微血管，血液就是在这里为组织提供养分的。血液在毛细血管中的流速比动脉中慢，就像大河在三角洲分成小的支流之后，河水流速要比干流中慢得多。动脉血在毛细血管中把携带的氧气提供给组织，成为静脉血，再从小静脉流到较大的静脉中去。

静脉中几乎感受不到心脏的压力作用：至少可以说，心脏收缩推送的血流到达这里已经变得相对缓慢了。毛细血管和静脉中的血液流动得很平稳，不会受到什么推力。静脉中的血流通过不同方式得以维持，其中一种方式就是肌肉的收缩。静脉中有使得血液只能单向流动（也就是向着心脏方向流动）而无法回流的瓣膜（图6）。

我们可以看到其中一处这样的瓣膜。如果把手垂下来，可以透过手背上的皮肤看到充满血液的静脉。这条静脉由两条清晰可辨的静脉汇合而成。如果用一根手指按住两条静脉汇合的地方，再用另一根手指从那根单独的静脉中沿着向上

图6　静脉瓣膜（K）
　　示意图。

（也就是向心脏）的方向挤走血液，那么这根静脉会有一小部分变成空的。血液不能从这根静脉延续的部分流过来，因为瓣膜阻止了它的回流。这样一来，作用于静脉的一切压力都使得血液只能朝一个方向流动，流到心脏那里去。

静脉位于皮肤之下、皮肤和肌肉之间，或是不同的肌肉之间。所有的肌肉收缩时都会增厚，并同时给旁边的静脉施加压力。这种压力推动血液沿着静脉流动。如果一个人的生活以久坐为主，他的大多数肌肉都不起作用，或者说收缩能力会变弱，这样就缺少了一种促进静脉血液流动的因素，从而扰乱了正常的血液循环。

6. 为什么洗衣女工腿上常常有突起？

人在站立的时候，从腿部流往心脏的静脉血需要克服自身重力的作用。人在走路的时候，腿部肌肉的收缩有助于血液上行。肌肉每一次收缩都会挤压邻近的静脉，而由于静脉中有瓣膜存在，这种压力也就能让血液沿着需要的方向，也就是向上流动。而如果一个人长期站立不动，这个促进静脉血流动的因素就不存在了，血液沿着腿部静脉流动很困难，在有些地方还会停滞，导致静脉血管扩张，形成不同程度的突起，也就是医学上说的"静脉曲张"。

7. 音乐与血液循环

血液循环可以受到各种各样的因素影响，音乐也是其中之一。这种影响可以用一种叫作体积描记仪的特殊装置（图7）观察到。

它的结构是一只玻璃圆筒，圆筒通过软管连接到一个装满水的容器。

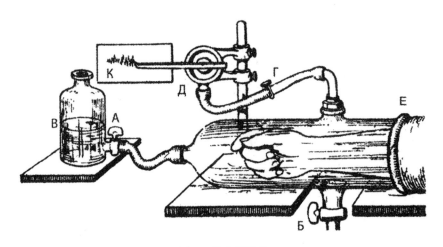

图 7　体积描记仪。

受试者把肘部以下的手臂整个伸进圆筒中，圆筒的开口处用橡胶手套 E 密封，手套则紧紧地包裹在手臂上，这样在往圆筒中注水的时候，水不会从里面流出来。实验结束时可以通过龙头 Б 把水放出。在圆筒的顶部连接管 Г，水会进入管中，到达一定的高度，但是不会充满整个导管，因此水柱上方留有空气。从容器 В 向圆筒注水，之后将龙头 А 关闭。这样，手臂就置于一个充满水的封闭空间中了。如果手臂血管膨胀，那么它的体积也会增加，手臂就会对水产生压力，而水只能沿着导管 Г 上升。导管中的水面上升时压缩了空气，向外推动封在导管 Г 开口上的薄膜。薄膜通过销钉向杠杆 Д 施力，杠杆的左端就会开始在熏黑的纸张 K 上划线，而粘在旋转圆筒上的纸张沿着指针方向移动。如果血管扩张，杠杆末端就会向下划线；如果血管收缩，杠杆抬升，就向上方划线。

　　像这样搭好装置后，请音乐家演奏一些欢快的乐曲，杠杆的末端一下就抬高了，说明手臂的体积减小了。下图是音乐影响下体积描记仪绘出的曲线。微小的锯齿是由心脏收缩造成的，因为心脏每一次收缩都会使一股

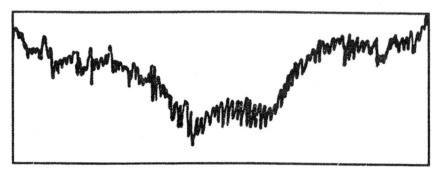

图 8　体积描记仪绘出的曲线。

血液进入血管，使血管伸展、扩张。这些锯齿恰好反映出了脉搏的情况。幅度较大的升高是吸入和呼出空气的结果：吸气时手臂体积减小，呼气时体积增加。曲线的剧烈抬升是音乐作用的结果。

8．四种血型

　　血液不能容忍任何异物进入其中。血液中出现致病菌时会产生一种特殊的物质，其作用是保护肌体免受细菌生命活动产生的毒素侵害。这些物质被称为抗体。[①]患上细菌性疾病的人恢复健康后，有些抗体仍然会在血液中长期保留。这就解释了为什么有些传染病得过一次就不会有下次。生病时在血液中生成的抗体会阻止同一种细菌再次增殖，但对其他种类的病菌却束手无策。

　　血液不仅不能接受外来细菌，还排斥其他各种异物，比如说来自另一种动物体内、本身毫无致病性的细胞。如果向兔子的血液中注入绵羊血，很快其中就会产生破坏绵羊血球的物质。如果从兔子本身的血液中提取出

---

① 本书作者最初使用的是术语"противотело"，因为"антитело"是 1937 年才在瑞士生物化学家阿尔内·蒂塞利乌斯的著作中首次出现的。——编注

血清置于玻璃片上，那么它也会破坏绵羊的血球。在破坏发生之前，血液中会出现一种特殊的絮状物，好像血液凝结了一样。这种血球的凝结（更确切地说是黏结）叫作凝集反应。

目前已确定，人类的血液也会使绵羊、公牛、家兔、豚鼠及其他动物的血液发生凝集。过去医生曾经尝试过向大量失血的人注射绵羊血，然而发生了凝集反应后形成的血凝块阻塞了细小的血管，导致部分血管在心脏泵出的血液的压力下破裂，这样的输血不仅没有好处，反而还会加快病人的死亡。

如果是向一只动物的血液中注射同种动物的血，比如说给兔子注射兔子血，那么发生凝集反应的概率会降低一些。

人们曾经认为，血液不会把外来的同种血液视为异己。然而埃尔利希首次确定了一个事实：如果把一只山羊的血液注入另一只山羊的血液中，有时还是会发生凝集反应。后来在狗身上也验证了这一点。这说明狗和山羊一样，也有两种类型的血液。科学家们用拉丁字母 X 和 Y 来表示它们。如果把 X 型血和同类型的血液混合，就不会发生凝集反应；而如果把 X 型血和 Y 型血混在一起，就会发生血球的胶合。后来人们才确定，人类存在不同类型的血液，而且不同类型的血液混合同样会导致凝集反应。这就解释了为什么人与人之间的输血并不总能以成功告终。如果输入的不是人体血管内流着的那种血液，外来的血液就会发生凝集，甚至还可能导致死亡。所以在军队中，经常在士兵的证件上标明了他的血型。这是为了在士兵需要输血时能找到另一个血型相同的人。

而凝集原存在于血球中。人类有两种不同类型的凝集原，分别以 A 和 B 表示。根据这两种凝集原在血液中的存在状况，可以分出四种血型，并据此分出四类人。第一类人的血液中既有 A 又有 B，第二类只有 A，第三类只有 B，第四类既没有 A 也没有 B。人类血清中的凝集原也被分为两类，也用同样的字母表示，但采用的是希腊字母表中的 α 和 β。如果某人的血液中有凝集原 A，其血清中的凝集素就是 β；如果血液中同时有凝集原 A 和 B，也就是 A+B，那么就没有凝集素；如果血液中没有凝集原（用数字 0 表示），就同时有 α 和 β 两种凝集素存在。这些物质在不同人血液中的含量可以通过下表显示：

凝集素	凝集原
A	β
B	α
A+B	0
O	αβ

血清中的凝集素会使得含有同名凝集原的血液发生凝集，也就是说，α 使含有凝集原 A 的血液凝集，β 则作用于含有 B 的血液。

确定人类血型的技术非常简单。需要分别准备含有 α 和 β 凝集素的血清。研究时取受试者的一滴血置于玻璃片上，然后依次向其中滴入两种血清。假设我们先滴了 α，如果没有发生凝集反应，再加入一滴 β 血清。如果出现了凝集物，说明血液属于 B 型；如果 α 和 β 都产生了凝集，就说明血液属于 A+B 型；如果滴入两种血清都没有引发凝集，说明受试者血液中既没有 A 也没有 B，其血液属于 O 型。

父母血液的特性会按照所谓"孟德尔定律"遗传给孩子。根据其中一条定律，父母中任意一方（父母都一样）的一些特征会不变地传给所有后代。这种特征叫作显性特征。举个例子，人类的深色头发相对于浅色是显性特征，也就是说，如果父母中的一方是深色头发，另一方是浅色头发的话，那么他们的孩子通常是深色头发。对应的另一种特征（即此例中的浅色头发）称为隐性特征。这个特征可能在之后——在第一代子女的孩子甚至孙子孙女身上显现出来。最新研究表明，如果父母双方都是 A 型血，那么孩子很可能是 A 型血，较小可能是 O 型血，但绝对不可能是 B 型或者 A+B 型。父母亲都是 O 型血的孩子也是 O 型，而双亲都是 A+B 型的孩子可能是 A 型、B 型、A+B 型和 O 型这四种血型中的任意一种。^①

值得一提的是，类人猿体内有和人体中同样的凝集原和凝集素，且人类的凝集素能作用于猿的血液，反之亦然。在黑猩猩体内发现了凝集原 A，猩猩体内则发现了 A 和 B。低等的猿猴体内则是两种都没有。

---

① 目前已确定，存在四种可能的组合，每一种都代表了这个人的血液特性，决定了他属于哪种血型：

O　第一种血型

A　第二种血型

B　第三种血型

A+B　第四种血型——编注

第三部分　呼吸

1. 如何呼吸？

众所周知，呼吸的本质是肌体从空气中获取氧气；吸入的氧气首先和血液结合，然后被血液输送到身体各个部位；在组织深处，氧和身体里的碳结合，形成二氧化碳并溶解在血液中，血液又把它带出身体，进入空气或水中。从本质上讲，呼吸其实是一种缓慢的"燃烧"，因为燃烧的本质就是燃烧物中的碳与空气中的氧结合的过程，最终也会生成二氧化碳气体。

呼吸是生物体的能量来源之一。呼吸就好比是蒸汽机的工作过程："燃烧"本身发生在组织的深处，血液和呼吸器官（对人来说也就是肺）发挥了风道的作用，向燃烧中的组织输送氧气；食物充当了燃料，并通过血液对体内"烧掉"的部分进行更新。这样看来，可以把呼吸分成两个方面：一方面是从空气中吸入氧气并呼出二氧化碳的过程；另一方面是在组织深处发生的呼吸作用。

其中第一个过程发生在人的肺部，并伴随着特殊的呼吸运动。大家平时说一个人在呼吸，指的就是这种运动。人类呼吸运动的机制如下：肺是由两簇逐渐生出分支的细管组成的，这种细管叫作支气管。随着分支的增多，支气管也越变越细，最细的支气管接近肺的表面，其末端长着小泡。这些小泡的壁上散布着血管，将静脉血（也就是富含二氧化碳的血液）输送到这里。二氧化碳被释放到肺泡的空气里，然后在呼气时从肺里排出。肺泡内空气所含的氧气则进入肺泡血管中的血液，让它变成动脉血，前往心脏的左心房。

肺泡壁的伸缩性非常强。肺部有无数的肺泡，如果它们全都膨胀起来，人体就会通过肺内管道和气管从外界吸入空气。如果它们的容量缩

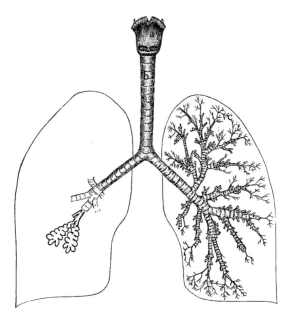

图 9 肺内管道示意图。a- 喉；b- 气管；c- 支气管。

减（也就是变小）的话，就会把空气挤出去。它们时而膨胀、时而收缩的原因如下：肺位于胸腔之中，而胸腔是完全封闭的，不仅不与外界环境相通，而且和相邻的腹腔也彼此隔绝。胸腔和腹腔被一整块隔膜分隔开来，这块隔膜叫作胸腹隔膜[①]。胸腔可以靠着特殊的机制扩大体积，这通常发生在人吸入空气的时候。因为胸腔是密闭的，所以当它的体积增大时，其内表面和肺的表面之间会出现一个空气稀薄的空间。肺泡里的空气要占据这个空间，而可延展的肺泡壁妨碍了这种趋势，结果肺泡就膨胀起来了。膨胀的肺泡把外界空气通过肺内管道吸进来。而在胸腔体积减小的过程中（一般发生在呼气时）肺泡又恢复到原本的样子，也就是说，体积缩小并把废气排出。

———————————
① 现在通用的术语是"横膈膜"。——编注

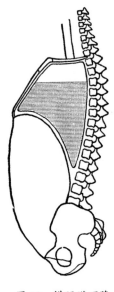 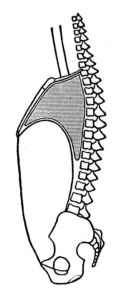

图 10 　横膈膜下降。　　　　图 11 　横膈膜上升，推出空气。

　　人类的胸腔主要有两种扩张方式：其一，胸腔壁略微上抬并远离脊柱，结果胸腔就从前向后，也就是在脊柱与胸腔前壁之间扩张。这个过程发生的原理是：肋骨与脊椎间呈锐角相连，胸腔壁移动时，肋骨的前端会划出一道弧线，于是肋骨与脊椎间的角度变大，其前端与脊椎的距离也变大了。肋骨的末端固定在胸骨上，所以也牵动了胸骨。其二，横膈膜下沉。横膈膜的样子像一个朝向胸腔的圆顶。在特殊肌肉的作用下，横膈膜变得更加平坦，其中间部分下垂，令胸腔自上而下扩张。横膈膜中部下垂时会向腹中的器官施压，于是横膈膜每下降一次，腹部就会鼓起一次。因此这种呼吸方式被称为"腹式呼吸"，区别于胸壁抬升的"胸式呼吸"。

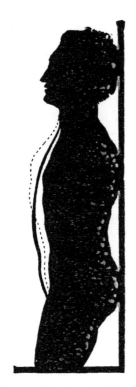

图 12　腹式呼吸（男性）。
虚线表示吸气时胸和腹的位置；
实线是吸气时的样子。

图 13　胸式呼吸（女性）。
虚线表示吸气时胸和腹的位置；
实线是吸气时的样子。

2.横膈膜模拟实验

做这个实验需要准备一个大瓶，把瓶底去掉，换成一张橡胶膜。橡胶膜相当于横膈膜，而瓶体就相当于胸腔。把一根末尾分出两支的玻璃管穿过瓶塞，玻璃管的主干对应气管，而它的两个分支代表两根支气管。给两个分支分别套上一个由可伸缩薄膜做成的小橡胶袋，它们就对应着肺部。如果现在用活套向下拉动橡胶膜，瓶内空间增大，小袋子就会扩张并膨胀。如果把橡胶膜恢复到原先的位置（压进瓶内就更好了），小袋子就会收缩。为了使这个装置呈现的效果更明显，还可以在瓶上加装一根盛有水银的弯管。这根弯管可以充当压力计，反映推拉橡胶底的过程中瓶内气压的变化。

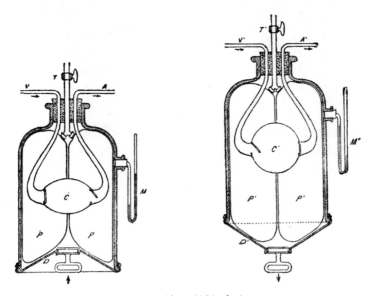

图 14　横膈膜模拟实验

3. 人呼吸的频率有多高？

新生的婴儿一分钟可进行多达 35 ~ 45 次呼吸，有些婴儿还会更多；5 岁的孩子每分钟进行 18 ~ 25 次呼吸。从 8 岁开始，男女的呼吸频率就表现出差异了：女性的呼吸更频繁，每分钟大约 18 ~ 22 次，而男性大概 16 ~ 20 次。人躺着比坐着呼吸慢，站着比坐着呼吸快。在静息状态下，正常成年人的呼吸与心跳的比例大约是 1 ∶ 4。也就是说，每呼吸一次，心脏大约跳动四次。

4. 为什么肺不会被灰尘堵住？

不管空气有多干净，总会有灰尘颗粒在其中飘浮。要想印证这一点，最好是白天在关上百叶窗的房间里进行观察：如果有一缕阳光透过窗叶缝隙射进来，在被光束照亮的空气中就可以看到无数尘埃像小虫子一样聚在一起，吹一口气便会散开，被新的颗粒取代。尘埃颗粒在吸气时会被吸入肺部，尽管随后这些空气被呼出体外，却还有很大一部分灰尘留在肺中，粘在气管、支气管和末梢细小管道湿润的内表面上。每次吸气都会带来新的灰尘，且每次灰尘都会滞留在肺里。可为什么最后肺没有被灰尘充满呢？

对肺部管道内表面进行的显微研究表明，这个内表面上覆盖着一层叫作纤毛上皮的特殊组织。这种组织的细胞上布满纤毛，只要生命活动在进行，纤毛就会不停地"摆动"，就好像是在把什么东西从肺部管道内部朝口腔的方向推动。粘在上面的灰尘微粒从一根纤毛转移到另一根，再到第三根，如此这般直到气管的起始位置，从那里和痰一起被吐出。和煤炭打交道的人常会吐出黑色的痰就是这个道理。

当然，纤毛的推动对灰尘的清理能力是有限的。如果一个人长期在灰尘极多的环境中工作，纤毛通常无法充分处理进入肺里的大量灰尘，就可能有一部分灰尘留在那里。在这类情况下，如果吸入的是石灰等具有腐蚀性的粉尘就会留在身体里造成损害，更糟糕的是吸入有毒物质。

上皮纤毛的运动可以在青蛙身上清楚地观察到。打开一只活蛙的嘴巴，在气管顶端开口附近用手术刀刮下一点黏液放到载玻片上，往黏液里滴一小滴淡盐水，用玻璃片盖起来，然后放在显微镜下观察。稍稍放大就可以看到，切片中有东西正在运动；增加放大倍数就能看到纤毛本身，它们在摆动着末梢。

5. 不同人的呼吸

呼吸就是吸入氧气和呼出二氧化碳的过程。呼吸越强烈，吸入的氧气和呼出的二氧化碳就越多。可以用一些方法来测定这些参与呼吸的气体的量。这类研究表明，呼吸的强度因人而异，取决于个体的年龄、性别、身体状态和健康状况。

用相对于全身重量的百分比来表示吸入氧气和呼出二氧化碳的量，就能得出以下事实：儿童单位体重的气体交换比成人更快：他们吸入氧气的量是成人的 1.3～2.7 倍。青春期男孩的气体交换量比女孩多出 25%～50%。气体交换在静息状态下减弱，在肌肉工作时则大幅增强。

与正常体重的人相比，肥胖的人吸入氧气的量相对自身体重的百分比要低 20%～25%。这是因为肥胖者的胸壁和腹部脂肪堆积会限制肺的扩张，而且肥胖会导致肺容量减少，进而导致呼吸效率降低，所以每次呼吸吸入的氧气量减少。食肉可以加强气体交换，食素则会使之减弱。在生病的时候，气体交换随着体温升高而增强，何况体温升高本身就表示着组织"燃烧"过程的加强。

6. 我们的声音

我们的发声器官位于气管开端叫作"喉"的地方；声音产生的机制中也有肺的参与，因此发声生理学必须和呼吸生理学一起研究。我们的发声器官的构造原则与大家都很熟悉的乐器"手风琴"是一样的。二者都是依靠弹性板边缘的振动发声，振动则是由气流引发的。在手风琴中，气流是拉动风箱挤压空气而产生的；而在人体的发声器官中，气流来自肺部压出的空气。二者的差异在于：手风琴是由专门的簧片产生特定的音高，而人体可以发出的所有音调都是通过相同的声带这块"弹性板"振动得来的。弹性板处于不同程度的拉伸状态，或者位置发生了其他改变，都会引起音高的变化。还有一种跟我们的发音器官更接近的乐器叫作"气压喇叭"（图14）。

喉是由三块软骨组成的软管，其中一块是对称的。不对称的软骨中有一块名叫甲状软骨。男性（特别是身材瘦削的男性）喉部的甲状软骨呈小丘状凸出，叫作"喉结"。喉管内部靠近顶端有两片可以产生声音的弹性膜，它们被称为声带。喉管的开口被一片薄膜横向截断，这片薄膜由前往后分为两个半圆；这样想象一下就不难理解声带的位置了。两片声带中间的豁口叫作"声门"，人呼吸时空气就是从这里通过的。如果两片薄膜拉伸，其边缘在呼气时就会开始颤动，就像手风琴中的金属片一样。这种颤动也就产生了声音。声带的拉伸是通过专门的肌肉收缩实现的。其他的肌肉可以分开两侧声带的边缘，所以声门也可以变得更宽。边缘也可以彼此靠近，这样声门就会完全闭合。

女性和孩子的声音比较高，男性则比较低。这种差异取决于喉部的大

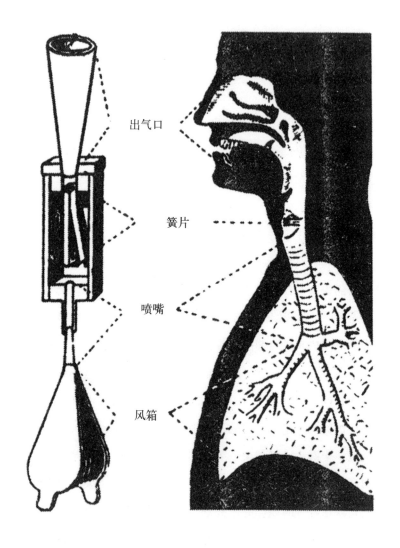

出气口

簧片

喷嘴

风箱

图 15 气压喇叭与人类发声器官的对照。

小和声带振动边缘的长度。我们知道，音高是由发声体每秒振动的次数决定的。发声体振动得越快，声音也就越高；举例来说，三角钢琴的琴弦振动次数就取决于弦长。长弦的声音低，短弦的声音高。孩子的喉部小，喉管细，因此阻塞喉管的声带也较短。所以孩子的声音就很高，按一般的说法就是很尖细。随着年龄增长，女性喉部生长得很少，所以女性一生中都能保持较高的声音；而性成熟后的男性喉部差不多会长大一倍，声带长度也几乎加倍，于是声音就变得低沉了。新生儿的声门长度约为 5～6 毫米，随着年龄增长，声门长度也会增加。成年女性声门长度为 1.4～1.8 厘米，男性为 1.8～2.4 厘米。通常来说，男低音的声带振动频率在 82 到 392 赫兹之间，也就是说每秒振动 82 到 392 次。相比之下，女高音的声带振动频率在 220 到 1100 赫兹之间，也就是每秒最高可以震动 1100 次左右。

琴弦发出的音高还取决于它的拉伸程度。绷紧的琴弦相比略微拉伸的琴弦振动更快，发出的声音更高。通过调整声带的拉伸程度，同一个人也可以发出不同高度的声音。喉部肌肉收缩导致声带拉伸。歌唱的艺术就是控制拉伸声带的肌肉的技能，要获得这种能力就得锻炼这些肌肉或是进行练习。

人类声音的特征不仅取决于声带振动，还与其他许多因素有关。用两台构造完全不同的乐器，比如说小提琴和三角钢琴，也可以弹奏出同样音高的声音，但很难想象一个听觉正常的人会无法辨别两种乐音的差别。每种乐器的声音都有自己的特质（音色），这是因为基本音（基音）中还加入了一系列由乐器外壳产生的弱音。除了乐器的外壳之外，乐器内部的空气也会振动。这些振动同样会影响到音色。这些附加的声音叫作"泛音"，因为它们比基音要高[①]。长笛发出的声音几乎没有泛音，小提琴产生的泛音却

---

① "泛音"俄语中作 обертон，该词借自德语 oberton，意为"高音"。——编注

很多。钢琴的泛音就更多了。人的嗓音中也有泛音存在。

人的喉部和附近的腔体（比如胸腔、口腔、鼻腔等）共同组成了一台乐器。它不仅能发出基音，还能发出一系列由于腔壁和内部空气振动而产生的泛音。由于这些腔体的构造因人而异，所以不同人说话的特质（音色）也不同。喉部周围的腔体会影响音色，这一点人人都可以在自己身上得到验证。如果你堵住鼻子说话，声音就会带有鼻音（这在鼻炎患者身上尤其明显）。肺部感染的结核病人讲话的声音常常比较喑哑。甚至是声带未受损坏的轻度气管炎患者，说话时也会具有特别的音色。

健康人的声音质量取决于声带的特性以及影响发声的腔体形状。其中最重要的是口腔和胸腔，鼻腔则相对次要。此外还有胸声和假声（喉咙发出的声音）之分。在发出胸声的时候，胸部也参与运动。因为胸腔很大，所以发出的声音有着丰富的泛音。发假声时胸部不活动，泛音较少，音色也就喑哑。假声的另一个特点是更高，因为发假声时振动的不是整个声带表面，而是只有内侧边缘。胸声的音高通常可以在两个音调之间变化。人类常见的声音缺陷之一是不同程度的鼻音，其原因通常是鼻腔的结构存在问题。声音嘶哑是在声带被黏液覆盖时，由喉部的卡他性状态[①]造成的。要是声带还发生了肿胀，声音就会变得刺耳或不稳定。

7. 言语表达的机制

拿一个有盖的纸盒，用指甲轻敲底部，会听到沉闷的声音。打开盖子之后再敲一下，会听到另一种声音。如果用手将盒子的开口覆盖一半，就得到第三种声音，而如果把手指放在盒底，还会有第四种。简而言之，用

---

① "卡他"是向下滴流的意思，形容黏膜渗出液多。

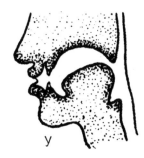

图 16　发元音 u 时口腔和
　　　　舌头的状态。

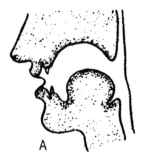

图 17　发元音 a 时口腔和
　　　　舌头的状态。

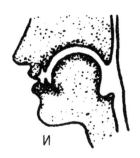

图 18　发元音 i 时口腔和
　　　　舌头的状态。

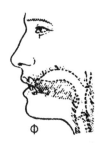

图 19　发辅音 f 时舌头和
　　　　咽喉的状态。

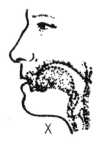

图 20　发辅音 h 时舌头和
　　　　咽喉的状态。

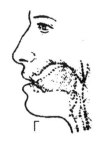

图 21　发辅音 r 时舌头和
　　　　咽喉的状态。

一个盒子可以发出各种不同的声音。这种情况下声音的差异在于，每次的基音都伴随着不同的泛音，后者赋予了声音特别的音色。我们的口腔就相当于一个这样的盒子。如果声带振动的时候把嘴巴张大（对应敞开的盒子），就会发出"啊"音。如果把嘴唇噘成管状，就会发出"呜"音。

舌头或是紧贴上腭，或是放在口腔底部，或是舌尖顶住牙齿，不同的情况下也会产生不同的声音，对应不同的元音字母。如果要发出"咿"的声音，需要让口腔形成窄颈瓶状。为此，舌头中部要向上抬起，靠近上腭。如果口腔形成瓶状，而嘴唇噘成管状，就会发出"哦"音；而在发"呜"音的时候嘴唇要噘得更向前一些。

辅音是由舌头、嘴唇和咽部的不同运动产生的。这些运动使得来自肺部的气流受阻，或是由于流经管道的收缩或舒张而发生改变。举个例子，如果要发出"噗"音，首先需要抿住嘴唇，阻止空气从口中流出，然后突然稍稍张开嘴。要发d音的话，需要用舌尖抵住上牙，轻轻张嘴，同时把舌尖从牙齿上移开。

8. 什么是耳语？

耳语也是一种言语表达，只不过没有声带的参与罢了。如果向一个空瓶子的瓶口吹气，会听到空气中微粒振动发出的声响。如果往瓶子里倒点水，再朝瓶口吹气的话，响声会有所不同；总体上，声响的特点取决于瓶子的形状、容量、粗细和瓶壁的性质。

没有绷紧的声带就不能发出声音，所以在这种情况下，肺部的气流经口腔流到外面时也会发出类似的声响。舌头和嘴唇如果像正常说话时一样运动的话，也能赋予这种声响各种不同的声音特点。换句话说，口腔各部位在耳语时的活动就和出声说话时一样，只不过耳语完全是由于空气振动产生的，而不是声带颤动的结果。

9. 咳嗽和打喷嚏的生理学

咳嗽本身不是一种疾病，而只是一些呼吸道疾病的症状或表现。恰恰相反，咳嗽是身体为了排出某些病原体的防御反应，它保护身体免受有害的影响。咳嗽通常是由呼吸道内表面的神经兴奋引起的。兴奋可能是一种机械反应，其诱因可能是异物进入喉部、炎症引发黏液积聚等。身体想把不应该出现在呼吸道中的东西都排出去。

咳嗽是通过痉挛性的呼气实现的，在这个过程中，一股气流以很快的速度从肺部流出。结果就好像是有一股强风从肺部往嘴巴流去，把呼吸道里的一切异物都吹出去。

咳嗽的过程如下：首先人进行深呼吸，随后声门紧闭，肺部所有负责呼气的肌肉发生痉挛性收缩，释放出一股气流，突然将声带冲开，这样就产生了咳嗽的声音。口腔里有一个部位叫作软腭，其末端悬挂的部分称为小舌。它从上腭垂下，盖住了衔接鼻腔和口腔的开口。在咳嗽的时候，这个帘状结构会稍微抬升并封闭鼻腔入口。这样一来，冲出的气流只会通过口腔而不会进入鼻腔。

打喷嚏也是一种保护动作，目的是排出刺激鼻腔内表面的异物。打喷嚏的机制一开始和咳嗽是类似的。首先，人进行深呼吸，是为了在肺内聚集尽量多的空气；其次由于软腭下降，气管与口腔的通路关闭，只和鼻腔相通。随后发生痉挛性的呼气，而且空气流只通过鼻腔排出，把鼻腔里多余的东西都清除出去。会引发喷嚏的不仅仅是鼻腔受到刺激，还可能有其他原因，比如强光；有时候，就算没有什么明显的原因，神经系统紊乱也会让人打起喷嚏来，这种情况在歇斯底里的人身上特别常见。

10. 什么是打嗝?

　　打嗝不同于咳嗽和打喷嚏，而且它本身并不是一种疾病，而是一种常见的生理现象。打嗝通常是由于膈肌不自主地痉挛收缩引起的，这种痉挛会导致胸腔体积突然增加，肺部迅速扩展；外界的空气形成强力气流涌向肺部，但遇到闭合的声门就会重重地冲击声带，从而发出打嗝的声音。在整个过程中，声门关闭是一个保护性的动作。它的意义在于，声带阻止了强气流突然冲入肺部，保护了肺部免受机械损伤；若非如此，柔嫩的呼吸道组织和肺泡就可能会受伤。

　　打嗝的原因通常是各种类型的肠壁紊乱，在孩子身上还可能是因为身体突然受凉或发冷。大多数情况下，打嗝是短暂且无害的，可以自行消退，但如果打嗝持续时间较长或频繁发生，可能是某些疾病的预警信号。甚至有时候打嗝异常顽固持久，把病人折磨得虚弱不堪。

第四部分　肌肉的运作

——

1. 肌肉为什么叫 musculus ？ [①]

肌肉其实就是我们一般所说的"肉"。它是一束细细的纤维，煮熟后就很容易分离开来。肌肉的作用是让身体各个部位运动起来，或让整个身体从一处移动到另一处。肌肉之所以能完成这些任务，是因为它们拥有橡胶般的伸缩能力。如果把肌肉的一端固定在骨骼上某个静止不动的位置，另一端连接到可以活动的部位，比如前臂的骨骼上，那么肌肉收缩时就会拉动前臂骨骼，使手臂在肘部发生弯曲。收缩的肌肉变短变厚，而伸展的肌肉通常是又细又长。

肌肉需要受到刺激才会收缩。人体内由大脑发出的指令就充当了这种刺激。专门负责传达这种指令的神经叫作"运动神经"。目前还不是很清楚，这种指令究竟是什么，它具有怎样的性质，是何种力量从大脑出发并沿神经向肌肉前进；为了简单起见，我们只要知道这种驱动的力量与电相似就好。运动神经延伸到肌肉的中部，刺激又从那里传递到肌肉末端。随着刺激源的移动，肌肉便收缩并鼓胀起来。如果受刺激的肌肉就在皮肤下方，胀大的过程就可以直接从外面观察到，好像有只小老鼠在皮肤下奔跑。这就是罗马人把肌肉称作"musculus"的原因——这个词其实是"小老鼠"的意思。

2. 如何让死青蛙动起来

肌肉的生命力极强。动物或人死后，许多肌肉还可以长时间保持生命力。而尸体上的肌肉不会收缩，只是由于大脑无法再发出必要的指令。俄

[①] 在拉丁语中，mus 意为"老鼠"，而 -culus 后缀有指小义。本章解释的便是"小老鼠"名称的来由。

罗斯生理学家库里亚布科教授曾经让一个去世已经一整天的孩子的心脏收缩，也就是让心脏重新跳动了起来。为此需要先让心肌恢复呼吸，而为了使它吸收氧气，就得让充满氧气的温热盐溶液（也就是所谓"生理盐水"）从心脏中流过。

青蛙的肌肉也有很强的生命力。从身体上切下的青蛙肌肉可以在电流刺激下收缩。在这种情况下，电刺激取代了活青蛙体内大脑或脊髓让肌肉收缩的指令。除此之外，如果我们向连接肌肉的神经而非肌肉本身施加电刺激，也会导致肌肉收缩。从一只死青蛙体内取出它的全部内脏，就可以在体腔后半部脊柱附近的位置看到一束神经，一直延伸到后腿。如果把电疗仪器的导线末端与这些神经相连，死青蛙的腿就会动起来。

3. 肌肉发出的嗡嗡声

可以用一种名叫"肌动描记器"（图21）的简单装置来研究肌肉的运作情况。装置的一部分是一个支架或竖杆，上面固定着青蛙肌肉切块的一端。肌肉的另一端系在一根以支架为轴旋转的杠杆上，而杠杆的自由端就在烟熏纸上划线。把纸张粘在旋转的圆筒上，肌肉的每次收缩都会在新的位置画出线条，整条线便会呈现出波浪状。如果电流只接通一瞬间，肌肉会收缩，但是在远小于一秒的时间内就会松弛，于是肌肉又开始舒展。但是，如果刺激并不中止，肌肉还来不及舒展就开始了新的收缩，结果就在刺激持续的过程中始终处于收缩状态。肌肉的这种状态叫作肌强直。乍一看，这样的肌肉好像处于静止状态，也就是在收缩结束后就停止了工作。但这种看似静止的强直状态其实是一次紧接着一次的肌肉收缩的总体表现。这是显而易见的，因为处在这种状态的肌肉分明是在运动，甚至会发出嗡嗡的声音。

你可以听到自己的身体发出的嗡嗡声。只要用手捂住耳朵，用力弯曲肘部并保持一段时间就可以听到。这种声音产生的原因是下颌的肌肉进入

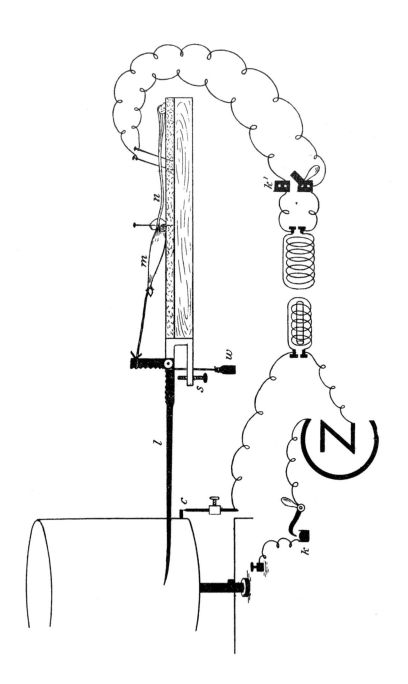

图 22 肌动描记器——记录肌肉运作情况的装置。

了强直状态并开始颤抖。当人提着一桶水时，肌肉发出的嗡嗡声就更明显了。如果把听诊器（也就是医生用来听胸声的仪器）贴在那个人的肌肉上，也会听到肌肉清晰的嗡嗡声。嗡嗡声意味着肌肉在颤抖，同时也意味着，大脑向持续工作的肌肉发送的并不只是一条指令或一次刺激，而是整整一系列这样的指令。

4. 肌肉强度

如果将青蛙肌肉的一端和支架相连，另一端挂一小块重物，对其施加电刺激，肌肉就会收缩并提起这块重物，也就是做一些功。如果增加重物的重量，肌肉仍会提起它，但提升的高度减少；如果重物太重，肌肉就提不起来了，也就不会做功。肌肉的强度取决于它的横截面大小；肌肉越粗，也就越强壮。这其实很好理解，因为粗大的肌肉中肌纤维的数量也比较多，而每根纤维都有一定的收缩力。但是，肌肉强度还受到其他因素的影响。不同动物乃至不同人的肌肉强度都有差异，而这种差异和肌肉厚度并没有什么关系。要想比较不同动物和人的肌肉强度，需要取相同粗细的肌肉作为样本，但是获取这种样本是很困难的；不过，也可以直接用不同粗细的肌肉样本，借助简单的计算来进行比较。假设某种动物的肌肉横截面为 10 平方厘米，最多可以提起 100 克的重物，那么每平方厘米的单位面积上就分摊了 10 克重量。假设另一种动物的肌肉横截面为 15 平方厘米，最多可以提起 300 克的重物，那么每平方厘米就会分摊 20 克。也就是说，第二种动物肌肉的强度是第一种的两倍。

人身上一些肌肉（比如手臂肌肉）的强度并不难测定，因为很容易知道手臂最多可以举起多少重量，肌肉的粗细也可以透过皮肤进行测量。这类研究表明，不同人的肌肉强度是有很大差异的；有些人小一点，有些人大一点，就连在同一个人的身上，肌肉强度也会随着年龄、健康和饮食状况的变化而改变。人可以举起约等于自重的负荷，而甲虫可以举起 14 倍于自重的负荷，蚂蚁能够举起的负荷则可达自身体重的 50 ～ 100 倍。假如有人的肌肉强度和蚂蚁相同的话，他甚至可以举起重达 1 吨的东西。

5. 为什么人会冷得发抖

肌肉工作时会产生一定的热量。用敏感的温度计可以测出，哪怕是像青蛙肌肉这样的小型肌肉，受到电流刺激而处于强直状态时也会显著发热。

人的肌肉在高强度工作中释放出的热量之多，会让他整个人都觉得很热。锯木工人哪怕冬天也不穿外套干活。如果要想在寒冷中暖和身子，最好的办法就是做运动。如果一个人觉得冷，却不进行有意识的运动，他的身体就会不自主地进行一些活动。这些活动就是肌肉的抽搐性收缩，也就是所谓"寒战"。这种类似颤抖的运动可以促进产热，令冻僵的人暖和过来。

这样看来，颤抖是人与寒冷做斗争的表现。在睡眠期间，所有自主运动的肌肉都处于静止状态，身体释放出的热量也就比清醒时少得多，因此睡觉的人需要比醒着的人更暖和。

6. 机器般的人体

每台机器输出的能量都有一部分会白白流失。这样的缺陷也在人体这台"机器"上存在。能量损失的原因是：人体从食物中获得的部分能量没有变成机械功，而是转化成了热能。从这个方面来讲，我们的身体就像一台蒸汽机，其中来自燃料的大部分能量都转化为热量，这些热量只会让身体发热，然后白白地散失到外部空间。在人从食物中摄取的全部热量中，只有五分之一或四分之一变成了机械功，其余的转化为热和电，而电也会在工作的肌肉中产生。假如没有这种损耗的话，人体一天内产生的能量足

图 23 人体肌肉一天之内的工作总量能将 300 千克的重物提高 1 千米。

以将 300 千克的重物抬高 1 千米；如果把这些能量转化成热能，可将 30 升的水从 0℃加热到沸点。人体中有四分之一或五分之一的能量能转化为有用的功，很多情况下我们的身体远远胜过许多人造机器，比如老式蒸汽机车只有十五分之一的能量能用来做功，剩下的能量都以热能的形式流失到空气中了。

7. 怎样的工作节奏最高效？

为了解决这个问题，人们发明了一种叫"测功计"的装置（图 24）。把人的前臂（手腕到肘部）固定在一块板子上，使其不能移动，只有中指可以灵活运动。在实验中，要求受试者用这根手指完成任务：弯曲手指牵引跨过滑轮的细绳。细绳的末端有一个钩子，可以悬挂秤锤。这样就能测定这根手指可以提起的最大重量，还可以检测出疲劳最细微的外在表现，因为随着疲劳的出现，手指提起重物的高度逐渐减小，到最后就完全提不起来了。用同样的装置还可以测定肌肉在不同的疲劳程度下，需要休息多长时间才能恢复过来。另外，借助特殊的销钉还可以在固定于旋转圆筒的烟熏纸上划线，记录重物的提升情况。重物上升的高度越大，这条线也就划得越高。

上述研究表明，疲劳肌肉在单位时间内的收缩次数越少，力量恢复得越快。如果肌肉已经收缩 30 次，完全累坏了，那就需要休息两小时才能恢复力量；如果它在相同时间内只收缩 15 次，恢复力量就只需要半小时；如果收缩的频率非常低，肌肉就可以不休息，持续进行工作，因为它的力量可以趁着两次收缩的间隔恢复完毕。

附图向我们呈现了弯曲手指在测功计上绘制的线条。图 25.1 显示，在重物为 6 千克，每秒收缩 1 次的情况下，肌肉会在 14 次收缩之后达到完全疲劳的状态。图 25.2 显示，在重物不变，每 2 秒收缩 1 次的情况下，肌肉在 18 次收缩后完全疲劳。图 25.3 中，每 4 秒收缩 1 次的频率推迟了疲劳；

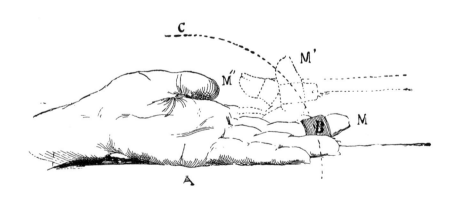

图 24　测功计。

第31次收缩后的手指依然能把重物提高一点。图25.4表现了每10秒提起一次重物的情况。

显然，在这种低频的收缩下，肌肉完全不会感到疲惫。更确切地说，10秒的时间已经能够充分休息。如果肌肉由于频繁收缩而完全疲劳，它需要1.5～2小时的时间才能彻底放松。在疲劳来临之前越早开始休息，力量恢复得也就越快。疲劳即将降临时的肌肉收缩是最费力的。

由此可以得出一个很有实用价值的结论：一口气工作到精疲力竭不仅对健康有害，而且还非常低效，因为在此之后需要极长的时间来恢复精力。借助测功计进行的研究表明，合理的劳逸结合可以避免肌肉完全疲劳，同时提高工作总量。如果我们一味强迫肌肉加紧工作，而不让它们做必要的休息，起初会比适度工作的成效明显，但最终完成的总量其实比较少。

实验还表明，随着肌肉的疲劳程度增加，每次使其收缩所需的神经刺激也就越大。也就是说，在肌肉越来越累的同时，大脑控制命令的活跃程度也越来越高。这样一来，身体的疲劳就导致了神经系统（也就是大脑特定部位）的疲劳。

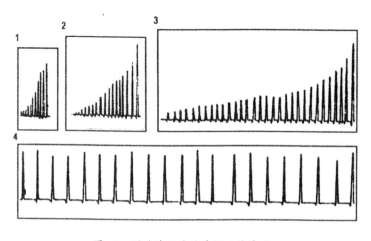

图 25　测功计记录的手指工作情况。

8.人造疲劳

将红色石蕊试纸放在静息状态的肌肉上，试纸会变成蓝色。这表明松弛的肌肉中可能存在碱性反应。如果这块肌肉开始收缩，在一定次数的收缩之后，贴在肌肉上的蓝色试纸会重新变红。这表明肌肉在工作过程中会生成酸。这种酸在酸奶中也能找到，它的名字叫"乳酸"。除此之外，肌肉工作时还会生成二氧化碳和其他物质，其中有些物质具有毒性。肌肉的这些代谢产物（或者说废物）会阻碍其正常工作。在自然状态下，它们会进入血液，然后主要通过肾脏排出体外。如果废物积累得太多，没办法及时经由血液排出，肌肉就会感觉疲劳并停止工作。

如果我们向离体的青蛙肌肉不停地通电使它收缩，肌肉很快就会疲惫不堪，但又无法休息，因为有害的产物不能被血液带走。但如果我们通过这块疲惫肌肉的血管向其注入苏打或者食盐溶液，把肌肉内部的有害物质清洗出来，疲惫的肌肉就得以恢复，受到刺激时会再次收缩。

另外，可以人为地使并不劳累的动物感到疲惫。如果把乳酸注入狗的血液中，它会开始出现疲惫的各种迹象，尽管注射前的它是那么精力充沛。

9.如果胳膊累了，腿还能工作吗?

有些体力劳动只会用到一部分肌肉，其他肌肉则完全放松。于是就出现了一个诱人的设想：能不能让身上某些肌肉累了的人接着用先前放松的肌肉去做其他工作呢？比如一个樵夫的胳膊累了，能不能让他去跑腿送信呢？

然而，凡是尝试过这种劳动更替的人，都很清楚这样做没有半点好处。如果胳膊觉得累了，整个身体都会感到疲倦，其中当然也包括双腿。

生理学可以很好地解释这条无可争辩的规律。工作状态的肌肉就像汽车那样的内燃机，各部分的运动都是由汽油燃烧推动的。人们认为肌肉中也有类似汽油的物质，可以在刺激物的轻微作用下迅速分解成乳酸、碳酸和一种含有蛋白质的特殊物质——"肌凝蛋白"。这种刺激是爆发式的。就像一点火星就可以让火药爆炸，要使这种推测中的物质"爆炸"，无论实现过程如何，都只需要施加少量刺激。在自然状态下，刺激物就是从大脑沿运动神经输送到肌肉的指令。这种物质的"爆炸"会使肌肉厚度增加，而肌肉增厚导致其长度缩减。这样看来，能量的来源并不是大脑的指令，它只发挥了火花的作用；实际提供能量的是肌肉本身。这种爆发的产物进入血液，离开肌肉，随后有一部分通过肺排出体外，另一部分通过肾脏随尿液排出。在它们被排出之前，人体各处都会受到影响，因为血液在整个身体里循环。如果它们在手臂肌肉中产生，也还是会被血液带入腿部肌肉。因此，腿部就算没有参与工作，也同样会感到疲劳。

10.8 小时工作制

我们通常会把一天分成三个部分：8 小时工作，8 小时用于吃东西、娱乐和家庭生活，还有 8 小时留给睡眠。这种分配方式是在长期实践中自然形成的。生理学表明，这方面的实践经验基本没多大差错。自然规律告诉我们，每天的正常工作时间不应超过 8 小时。

俄罗斯著名生理学家谢切诺夫听到了这自然的呼声。心脏的收缩是靠心壁的肌肉维持的，而只要人还活着，这种收缩就不会中断。这会给人一种感觉，好像心脏在我们一生中都在不停地工作。事实上，心脏也会休息。它的任务是通过收缩将血液推进血管，收缩后就会进入松弛状态，松弛的时间比收缩长。在此期间，它就可以休息一下了。心脏每分钟收缩 80 ～ 100 次，休息的次数也相同。如果把心脏在一天内收缩的时间相加，就能得到心脏工作的总时长，而剩下的就是它休息的时间了。根据谢切诺夫教授的计算，心脏在一天内实际工作的时间恰好是 8 小时。

11. 什么时候肌肉的工作状态最好？

众所周知，睡眠是恢复精力的最佳方式。但有很多看起来非常健康的人，早上醒来之后会立刻感到有点疲倦，尽管这种倦意并不会影响到他们的工作。一旦开始工作，疲惫的感觉不仅不会加剧，反而完全消失了，直到真正的疲劳来袭为止。这种假性疲劳的原因是，肌肉在进入工作状态前需要一个"预热"的过程。青蛙肌肉实验表明，肌肉起初工作得很无力，随后逐渐加强运作，直到出现疲劳的迹象为止。

机器工作时也不能马上达到最大强度：它需要克服惯性，也就是让各部分启动起来，才能进入最佳工作状态。肌肉也是如此，必须克服惯性才能开始高效工作。和惯性对抗的过程有时就会带来一种虚假的疲惫感。这种疲劳主要是神经性的，而非肌肉本身的感受，但在体力劳动中扮演着重要的角色。这种感觉的出现和工作者的心态有关。如果一个人做着自己并不喜欢的工作，就会比做热爱的工作时更容易觉得累。如果他发现手头的工作"毫无用处"，那就累得更快了。如果让人往一个没有底的水箱里运水，那么他提不了几桶就会觉得累，好像已经提了一整天似的。尽管他的肌肉并没有疲劳，但他需要消耗巨大的精力来克服肌肉的惯性，强迫肌肉进行毫无意义的工作。单调无聊的工作也会让倦意来得更快。如果让厌倦了手头事务的人去做他比较喜欢的工作，疲劳感也会随之消失。

意志力在人对疲劳的感知中发挥着巨大的作用。如果一个人给自己定下目标，必须在某个期限内完成某项任务，那么他的意志力不仅会抑制疲劳的产生，甚至还会压制住真正的肌肉疲倦，哪怕肌肉早已疲惫了。通常情况下，人是不会让肌肉能量完全耗尽的，但在特殊情况下，比如需要挽救自己的生命时，他就可能依靠意志力爆发出超常的力量，将自己的全部能量都释放出来。

不同人容易疲倦的程度取决于他们的性别、年龄、健康状况、性格及精神状态。小孩比成年人更不容易疲倦；女性比男性容易疲倦。由于悲伤等原因而承受较大精神压力的人也会比乐观的人累得更快。此外，疲劳程度还会受到天气的影响：人在坏天气会时比好天气时疲惫得更快。

12.走路不如站着，站着不如坐着

东方谚语有云："走路不如站着，站着不如坐着，坐着不如躺着。"从肌肉生理学的角度来看，这句话是很有道理的。在各种体力劳动中，人们都会为了休息一下而改做相对轻松的工作。跑步的人累了，走路对他就是一种休息，尽管步行用到的肌肉和跑步是一样的，但它们收缩的强度和频率都降低了，人的肌肉消耗也就没有那么大了。走路的人累了，站一会儿就成了休息，能靠在什么地方就更好了。在走路的时候，不仅要用肌肉维持身体平衡，还要有肌肉让腿向前迈步才行。

在站立的时候，上面提到的肌肉不再收缩，但其他许多肌肉依然处于紧张状态。尸体是不可能保持站姿的；同样，人一旦失去意识就会立即摔倒，因为阻止膝盖弯曲的肌肉和小腿上维持人体平衡的肌肉已经停止了工作。如果用木头做一个人形雕塑，要想让它保持直立是很难的，因为支撑人体的区域面积实在太小，重心稍微偏离中轴就会让它摔倒。为了让人体保持站姿，一些肌肉需要相当用力。所以，站立也不能让人彻底休息，长时间站着也是非常累人的。

坐姿对肌肉的消耗就少得多了。人坐着的时候，身体的支撑区从双脚转移到了臀部，这样就解除了腿部肌肉的负担，给了它们放松的机会。此外，臀部的面积比脚底要大得多，所以坐着比站着更容易保持平衡。

但是，一具尸体如果还没有僵硬，它就没办法保持稳定的坐姿。也就是说，活人还是要依靠一部分肌肉的工作才能稳稳地坐着。这会用到颈部、胸部、腹部和腰部的肌肉，但需要的力相对来说比较小，因此在结束紧张工作之后坐一坐，还是可以好好休息一下的。然而，久坐不仅会让人疲惫不堪，还会让很多器官的工作出现紊乱。人坐着的时候，腹内脏器受到挤压，结果就会阻塞血液流通，输送到脑部的血液也随之减少。除此之外，坐姿妨碍了胸腔与腹腔之间横膈膜的自由下垂。横膈膜对于呼吸活动非常重要，因为正是它的下降导致胸腔增大，肺部扩张，吸入空气。如果横膈膜的运动受到腹内器官挤压的影响而难以正常进行，那么人的呼吸也会受到影响。

因此，总是坐着工作并不代表工作起来非常轻松。久坐虽然没有久站那么累，但对健康的害处有过之而无不及。所以总是坐着工作的人最好经常站一站，走一走。不过话说回来，那句东方格言中关于坐姿的部分仍然说得很有道理：坐着确实没有站着那么容易让人疲劳。

对一个醒着的人来说，最彻底的放

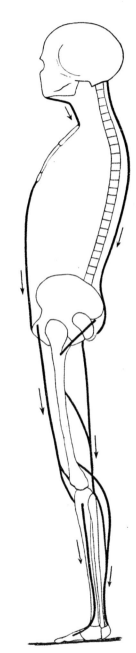

图 26　维持人体站姿的肌肉活动状态。粗线条表示肌肉；箭头表示站立时这些肌肉的收缩方向。

松状态莫过于躺着。所有自主运动的肌肉都放松下来，只有内脏的肌肉还在继续工作。不过还有更有效的休整方式，那就是睡眠。

13. 为什么军队里要有管弦乐队？

我们可以通过一些人为的办法来提高疲劳肌肉的工作效能，其中有些方法是有害的，而另一些则没有明显的害处。

最有害的方式要数摄取可卡因了。欧洲人从美洲土著那里学会了使用可卡因。可卡因是从一种叫作古柯的南美植物里提取出来的。美洲土著在开始高强度的工作之前，会咀嚼古柯叶，然后就开始不知疲倦地工作，甚至不会觉得饥饿。但兴奋过后力量会迅速减退，这个人则会忍不住想再次借助可卡因的作用。随着摄取次数的增加，需要的剂量也越来越大，最后形成了严重依赖——离开它就活不下去了。可卡因成瘾者在药效减退之后会变成根本无法工作的可悲废物。他双手颤抖，头脑混乱，毫无食欲，最后会极度衰竭而死。酒精、咖啡和茶也会提高肌肉的工作效能，但过量摄入酒精饮料和咖啡也是有害的。总体上，这些人为的手段作用于人体的方式，就好像用鞭子抽打疲惫不堪的马匹。马被鞭打之后会开始拉车，但拉不了多远就会累得倒下。

音乐也是一种人为促进肌肉工作的手段，其效果在疲惫行进的军队中尤其明显。只要随军乐队奏起活泼的进行曲，士兵们马上就会精神起来，前进的步伐也更有力了。正是由于这个原因，军队才需要有管弦乐队。当然了，音乐不是直接作用于肌肉，而是以大脑作为中间媒介。假设我们像之前提到的青蛙实验那样，从人类身上取下一块肌肉，它的工作是不会因音乐而增强的。音乐促进血液流向大脑，强化它的工作；这样一来，从大脑发往肌肉的指令也就更加活跃了。

第五部分　内分泌腺

1. 为什么有的孩子会患上呆小症

人们把能产生和分泌某些物质的器官叫作腺体。像唾液、胆汁这种由腺体排出并参与肌体生命活动的物质叫作分泌物；如果排出的是尿液等对生命体无益的废物，我们就称它们为排泄物。腺体通常都有管道，其活动产物就沿着这些管道排放出来。

不过，有的腺体是没有管道的。这种腺体的分泌物会直接进入血液；沿着血管进入腺体的血液带走这些物质，然后把它们输送到全身各处。这种腺体被称作内分泌腺。长期以来，很多内分泌腺的功能都无人知晓，但随着科学技术的进步，科学家们逐渐揭示了内分泌腺的复杂功能和机制。它们最主要的作用是充当生命活动的调节器，在维持各器官的正常运转中发挥着重要作用。

人们最早探明功能的内分泌腺叫作甲状腺。它位于人的颈部甲状软骨的附近，因此得名"甲状腺"。甲状腺病变增生会导致脖子上形成肿块，也就是所谓甲状腺肿。如果把小狗的甲状腺切除，它会停止生长、变得萎靡不堪。甲状腺受损的人会患上一种叫作"黏液性水肿"的疾病，主要症状是水肿，并伴有全身无力、进食减少和性格改变。在一些人身上，甲状腺功能不全会诱发所谓"弥漫性毒性甲状腺肿"，最特征性的表现就是双眼突出。而甲状腺功能不全发生在儿童身上，还会导致身体发育停滞和智力发展迟缓；这样的孩子就患上了呆小症。如何证明所有这些病症都是甲状腺功能不全的结果呢？证据就是，如果人为地向患儿身体提供甲状腺分泌的物质，这些症状就会逐渐消失。这里用到的物质甚至不必来自人类腺体，而是从山羊、绵羊或猪的腺体中提取的分泌物。上述动物的干燥甲状腺提取物可以在药店买到，药品名是甲状腺激素。经过足够的疗程，几乎可以

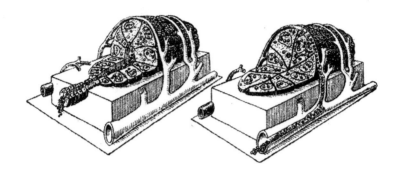

图 27 左侧是带有排出管的普通腺体。
右侧是将激素直接排放到血液中的内分泌腺。

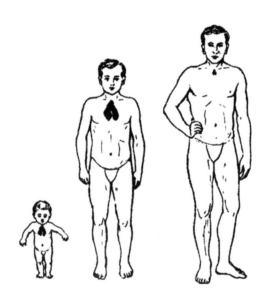

图 28 胸腺是内分泌腺中的一种，会随着年龄增长逐渐消失。
图片表现了不同年龄人体中胸腺的相对大小。新生儿的胸腺重 12 克，
15 岁少年的胸腺重 25 克，而 45 岁成年人的胸腺只有 10 ～ 15 克。

图 29　接受治疗前的 15
岁少女。

图 30　接受甲状腺治疗的
结果。图 29 中所示少女在
接受六年治疗后的样子。

缓解甲状腺功能减退的所有症状。

　　如果用大量的甲状腺激素喂养健康的动物，它就更容易表现出异常活跃的生命活动。按这样的方式喂食，蝌蚪会比通常情况下更快地变成青蛙；母鸡会进入兴奋状态，开始不自然地大叫，阵发性地剧烈活动，所以，患者在服用甲状腺激素的时候必须适量。

2. 手脚肿大的人

　　有些人的身体构造很不协调，比如手和脚——确切地说是手腕和脚掌的尺寸巨大。有些人只有手指比较粗大，有些人的鼻子、嘴唇很大，或者是舌头大到连嘴巴都装不下了。这种反常情况被称作肢端肥大症。

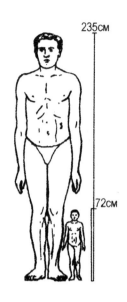

图 31 最高大的巨人
（235 厘米）和最矮小
的侏儒（72 厘米）。

图 32 右边是切除了脑垂体的小狗；
左边是同一窝的正常小狗。

　　这种病有时候会让人身型巨大，且总是伴有生殖器官发育不全的症状，通常还兼有肥胖症。患者身体中一个内分泌腺的结构出现了异常。这个腺体位于间脑与大脑底部相接的地方，名叫脑下垂体，或者脑垂体。肢端肥大症患者的脑垂体前叶机能亢进。由此可见，这个腺体分泌的部分激素负责调节生长，而且主要是身体突出部分的生长。

　　医生成功地抑制了这种疾病在年轻患者体内的恶化，这种尝试就揭示了脑垂体的部分功能确实如此。由于腺体位于头骨下部、大脑底面，因此直接对它进行外科手术是很困难的，但也不是完全不可能。最容易到达那里的通路是口腔和喉咙。医生对脑垂体进行切除，这样就可以消除它过度活动的影响，肢体的异常生长也就随之停止了。另外还有动物实验可以证明脑垂体的功能。如果切除一只小狗的脑垂体，小狗会停止生长，而在手术结束六个月后，和它同时出生的兄弟姐妹起码会长到它的 4～5 倍大。

3. 青铜色的皮肤

有一种疾病会让患者的皮肤变成暗褐色，并且带有类似陈旧青铜颜色的斑点，所以这种疾病被称为皮肤高色素沉着症。

一位名叫托马斯·爱迪生的医生首先指出，这种疾病是由一种内分泌腺体的机能失调导致的，因此这种疾病也叫爱迪生氏病。除了肤色改变之外，它的症状还有全身虚弱、心脏动力减退、腹泻、消瘦和精神萎靡。造成疾病的腺体位于肾脏的上方，叫作肾上腺。如果将动物体内的肾上腺切除，它会在几天甚至几小时的时间内迅速死亡，而且还会表现出爱迪生氏病的症状。如果向切除肾上腺的动物的静脉中注射这种腺体的提取物（哪怕来自其他动物），症状就会减轻。如果给腺体未被切除的兔子注射这种提取物，那些在切除肾上腺的动物体内活动减弱的器官在这只兔子体内就会加强活动：呼吸急促、心跳过速，最终引发肌肉麻痹和死亡。由此可见，肾上腺可以调节上述器官的活动，它能在一定程度上激发它们的活动，但同时又限制它们，使其激活程度处于一定的界限以内。

这种腺体分泌的激素叫作肾上腺素。人们不仅能将它从腺体中提取出来，而且已经确定了它的化学成分。这种物质对于心脏有着极强的作用力。几微克（即千分之几毫克）的肾上腺素就可以导致心跳过速和心悸。

动物实验表明，肾上腺素是通过交感神经系统来调节各器官的活动的。也就是说，肾上腺素可以作用于交感神经系统，再通过交感神经影响其控制的器官。如果从刚刚杀死的老鼠或兔子身上切下一小块肠道，放进充满氧气的温热生理盐水中，那么溶液里的肠道还可以在相当长的时间内保持活性；它会像在动物活体中那样正常收缩。但如果向溶液中滴入几微克肾上腺素，收缩就会停止，因为极小剂量的肾上腺素就可以激活肠壁上的交感神经末梢。肾上腺素的这种特性可以让我们了解到动物血液中是否有它的存在。

4. 一阵恐惧来袭

我们在第一部分第五章曾经提到，可以通过手术将特殊的龙头插入狗胃中：在腹壁上切一个小口，把胃拉到切口处，在胃上打一个小洞，然后向洞口插入龙头。可以用龙头将胃液慢慢地引流到一个杯子里。如果给这只狗看一块肉，它就会开始分泌胃液；但如果立刻给它看一只猫（众所周知，猫的形象会让狗受到刺激），胃液分泌就会暂停，哪怕把猫带走，这种暂停也会持续15分钟。美国生理学家坎农就此想到，刺激并非直接作用于狗的胃部，而是以肾上腺为中介。肾上腺向血液中分泌肾上腺素，后者再对胃产生作用。

为了证明这种假设，需要确定肾上腺素正是在受到刺激的情况下被释放到血液中。经过长期实验，坎农最终掌握了在猫身上进行精密手术的手法。他对猫使用止痛药物，然后在腹股沟区域切开它的皮肤，并将一根细长的软管插入猫的股静脉。顺着这根静脉，他把管子推到下腔静脉的深处，使管口刚好处于输送血液流出肾上腺的静脉开口附近。随后可以将流入管子的血液和管子一起从猫体内取出，这样就可以知道其中是否含有肾上腺素了。接受手术的猫被安置在特殊的地方，处在一种非常舒适的状态。坎农从平静状态的猫身上取出一些血样，其中肾上腺素较少。之后他再次将管子插回猫体内，并让猫看一条狗。这次刺激后取出的血液中含有大量肾上腺素。坎农通过猫肠收缩的频率来判断肾上腺素在血液中的存在，结果发现，肾上腺素在猫血液中存在的时间和狗看到猫后停止分泌胃液的时间长度相同，都是 15 分钟。

同样从事内分泌腺研究工作的俄罗斯学者扎瓦多夫斯基认为，肾上腺素的作用差异取决于刺激的程度。如果刺激伴随着愤怒或恐惧，肾上腺素会作用于肌肉，加强其工作并消除疲劳。这就解释了为什么人愤怒或恐惧时会爆发出超乎预期的强大力量。愤怒感表现为肌肉的紧张，而恐惧在动物和人类身上表现为逃跑反射，也就是产生一种跑走的无意识冲动，这同样需要肌肉处在非常紧张的状态。如果这种突如其来的恐惧感极其强烈，有太多肾上腺素释放到血液中，那么过量的肾上腺素反而会使肌肉松弛，力量丧失，最后可能导致晕厥。在受到强烈惊吓时，负责控制肛门开合的肌肉松弛，便会引发众所周知的"熊病"（大便失禁）。

5. 气质型的成因

人的气质主要可以分为四种类型——多血质、胆汁质、黏液质和抑郁质。多血质的人性格开朗，活泼乐观；胆汁质的人容易激动，但情绪消退得也快；黏液质的人总是闷闷不乐，忧郁地看待生活；抑郁质的人则悲观地对待一切，给各种生活琐碎赋予过多的意义。当然了，各种气质两两之间也有很多过渡状态存在。但无论如何，气质类型比其他任何概念都能更好地体现人的"精神"。不过这所谓"精神特质"，其实是由内分泌腺赋予我们的。甲状腺激素主要作用于人的智力；肾上腺素主要影响肌肉工作，调节肠道的收缩。扎瓦多夫斯基认为，这两种激素的相互作用是形成不同气质型的影响因素。多血质的人体内两种激素都分泌旺盛；胆汁质的人体内两种激素的活动都比较弱；黏液质的人体内甲状腺机能较弱，但肾上腺素分泌旺盛；抑郁质的人甲状腺作用较强，而肾上腺较弱。

6. 糖尿病

糖尿病的症状之一是尿量增多，而且还会从血液中带出一些营养物质。通常患者尿液糖含量超标，因此这种病才叫作"糖尿病"。糖尿病的后果很严重：它会引发虚弱、困倦、体力衰竭，严重时会导致死亡。迄今为止，人们还没有研制出根治糖尿病的药物。医生只是要求患者在饮食中尽量减少可以转化成糖的物质，也就是说尽量少吃甜的东西，连水果也不行，另外适量吃面粉制品，因为淀粉类食物在消化道中也会分解成糖。糖尿病患者血液的糖含量异常高，但糖的利用存在障碍，多余的糖会通过肾脏从血液中排出。同时，糖是肌体的能量来源之一。这也就说明了，为什么排尿带走糖分会让身体变得虚弱。

人们很早就知道，如果把狗的胰腺切除，狗会患上糖尿病，它的血液和尿液中会出现非常多的糖。而如果给这只狗进行胰腺浸液的皮下注射，哪怕是用羊胰腺，狗尿中的糖也会随之减少。由此可见，胰腺中的某种物质会促进糖的代谢。人们花了很长时间来寻找这种物质，后来终于发现，它是由胰腺中的一些细胞团分泌出来的。为了纪念发现这种细胞团的科学家，又由于这些细胞团像岛屿一样分布在腺体中，人们把这些细胞团称作"朗格尔汉斯小岛"，而它们分泌的物质就叫作胰岛素（Insulin. 拉丁语的 insula 是"岛"的意思）。这样，人们发现胰腺不仅在消化中发挥着重要作用，而且还是一种内分泌腺，会分泌一种名叫胰岛素的激素。

有趣的是，早在动物的胚胎时期，胰腺就已经开始生成能治愈糖尿病的胰岛素了。

为了从胰腺中提取胰岛素治疗糖尿病，人们做了大量实验。加拿大生理学家班廷医生在 1920 年终于成功完成了这个任务，获得了能用于医疗实践的胰岛素。人们首先在兔子身上验证了它的效果。兔子被切除胰腺后患上了糖尿病，血液中含有大量的糖。皮下注射胰岛素使糖的含量降低，再配合适当的饮食，血液中的糖含量得以恢复正常。1926 年，结晶态的胰岛素也研制成功了。

7. 心脏如何"自我唤醒"

从动物体内切除的心脏还可以跳动很长时间。俄罗斯生理学家库里亚布科成功让"死去"24 小时的心脏恢复了跳动。他把心脏切下，让充满氧气的温热生理盐水从中通过。氧气引起了心肌的"呼吸"，于是心脏就开始收缩了。这一切都表明，引发心脏活动的刺激源就位于心脏内。布鲁塞尔的生理学家德摩尔也有一个重要的发现：可以用狗的右心室水浸液来增加兔子心脏收缩的频率和强度。之后又有一位哈勃兰特教授确认，青蛙心脏的上部静脉区域中有一种加强心脏工作的物质。他把这种物质称作心脏收缩激素。哈勃兰特教授取出青蛙心脏的一部分捣碎，把碎末长时间浸泡在盐溶液中，便得到了一种提取物，能令 2 ～ 2.5 天前切除并于术后一小时停止跳动的心脏恢复跳动。哈勃兰特认为，这种心脏收缩激素在作用效果上和肾上腺素相似，但二者的不同之处在于，心脏收缩激素可以使血管扩张。因此，心脏的右侧区域除了行使本来的功能之外，还能起到内分泌腺的作用，分泌出的激素可以调节心脏工作。这种激素的发现极大促进了各种刺激心脏活动的药物研制工作。人们一般从大型牲畜身上获取这种激素。

第六部分　皮肤生理学

1. 人可以在沸水的温度下工作吗?

乍一听，这个问题好像问得莫名其妙：当然不行了！但其实是可以的。在俄罗斯南方的高加索和敖德萨，经常有人出售多孔黏土做成的罐子。夏天往这种罐子里倒水并挂在通风处，水很快就会变凉，好像罐子是放在地窖里一样。水之所以会变凉，是因为它透过罐壁上的小孔渗出到罐子表面，形成小液滴并蒸发，导致周围的温度降低。从皮肤生理学的角度来看，人的身体就像一个这样的水罐。在炎热的时候，皮肤汗腺的活动增强，汗水从皮肤表面渗出并蒸发。这个过程就像水罐表面的水分蒸发一样，伴随着热量的吸收和体温的降低。

皮肤这种特性让人可以承受反常的高温。在极端情况下，有些工厂的工人需要在100℃，也就是相当于水的沸点的温度下工作。不过，人没办法在这种温度下坚持很久，因为很快就没有足够的汗水来为身体降温了。此外，空气必须保持干燥。只要空气稍稍有点湿度，就像蒸桑拿时那样，人就会被活活煮熟。

这就解释了一个现象：为什么人更容易忍受高温干燥的气候，而不是温度较低但空气湿度很高的气候。在印度沿海地区，气候并不是特别炎热，全年平均气温约为25℃或略高，但由于那里的空气非常潮湿，人会觉得难以忍受。而在一些地区，夏季的气温远高于印度，但空气比较干燥，因此并不会让人觉得酷热难耐。

2. 毛孩

人类体表的毛发已经基本消失，我们祖先的体毛到今天只剩下汗毛了。

图 33 著名的"毛女"朱莉亚·帕斯特拉娜。

它们几乎遍布全身，但很稀疏，且基本不容易看到。然而，我们猿人祖先的毛发至今仍保留在现代人类胚胎的皮肤上。出生前不久的胎儿周身覆盖着又长又密的体毛，甚至连脸上也有。在孩子出生之前，这些长毛就会脱落，取而代之的是新生儿稀疏的短毛。但在一些特殊情况下，这些长毛并不会脱落，孩子出生时就像猴子一样毛茸茸的。这就是所谓"毛孩"。不仅是男性，女性身上也可能发生这种多毛现象。当然了，多毛者的返祖长毛在其一生中也会多次脱落更新，就像正常的毛发一样，但长出来的依然是同样的长毛。

多毛者的皮肤没办法长出普通人那样的体毛。也就是说，他们不仅毛发是返祖的，全身的皮肤也具有返祖的性质。这其实是皮肤发育的一种停滞现象；由于某些原因，皮肤没有发育完全，而是停留在了我们猿人祖先皮肤的发育阶段。

说到长在人们头顶的普通头发，它们的变化是缓慢而难以察觉的。人每天会有 50～100 根头发脱落，而健康的皮肤马上会生出新的头发来取代它们，所以长头发中总会有较短的发丝。不管有没有去修剪，头发每天会生长 0.3～0.4 毫米。而人的胡子在剃须后会长得更快。每根头发可以在头皮上存留 2～6 年，而睫毛的寿命就短得多，通常只有 3～5 个月左右。

3. 人可以用皮肤呼吸吗?

任何一种遍布着携带静脉血的毛细血管并直接暴露于外界环境的表面，都可以充当呼吸器官。泥鳅的呼吸在肠道中进行：它吞入空气，使其通过肠道，再经由肛门排出。青蛙的呼吸器官是皮肤。如果将青蛙的肺部切除，然后将其放在通常生活的环境中，也就是放在水里或是靠近水域的地方，它在没有肺的情况下也能生活相当长的时间。但如果保留它的肺，将其放在空气干燥的地方，那么它很快就会窒息而死。在这种干燥的空气中，青蛙的皮肤会变干，失去使氧气通过的能力，皮肤呼吸就停止了。这说明青蛙的皮肤呼吸比肺部呼吸更加重要。

人类的皮肤中也有携带静脉血的毛细血管，因此可以假设人也有皮肤呼吸。实验表明，这种呼吸确实存在。做这个实验时需要让人置身于密闭的房间中，只有一根管子与外界相通。人可以通过这根管子吸入房间外的空气，呼出的气体也从这里排出。实验者事先测定房间空气中氧气和二氧化碳的含量。等受试者在那里坐了几个小时后，再次测定其中氧气与二氧化碳的量。结果发现，房间中氧气减少，二氧化碳增多。由此可见，皮肤吸收了一定量的氧气并释放出二氧化碳，那么也就是具有一定的呼吸能力。

但是，人类的皮肤呼吸不能和青蛙相比。人类皮肤的呼吸强度极低：一个成年人的皮肤一天内只能吸入 3 ～ 4 克的氧气，排出 9 克左右的二氧化碳，完全不能满足身体所需。在消化食物的时候，皮肤呼吸会加强。高温也是促进皮肤呼吸的因素。

第七部分　神经系统

1. 人体的调节器

神经系统由脑、脊髓及其发出的神经组成。神经系统的功能是帮助身体熟悉周围事物和了解生活环境。此外，它还能满足身体不同部位相互作用的需要，并调节不同器官的工作。即使是普通的人造机器上也有这样的调节器。挂钟的调节器是钟摆；蒸汽机中装有离心式调速器，用来控制机器的转速。对我们的身体来说，调节器就更不可或缺了，因为身体的构造要比机器复杂得多。

假如没有这些调节器，各种器官的工作就会失调：胃中没有食物的时候，胃液却在分泌，到了需要胃液时却又不分泌了；肺已经在吸气，可是需要在肺部排出废物的血液还没有到达；等等。神经系统可以让这些过程协调起来。食物只要进入胃部（哪怕只是到达口腔），就会对特定的神经造成刺激。这种刺激通过神经传递到中央神经系统中负责分泌胃液的部位。一旦刺激到达中枢，分泌胃液的指令马上会沿着神经到达胃部腺体，它们就开始分泌胃液了。如果眼睛里进了沙子，沙子引发的刺激也会以类似的方式抵达脑，脑就向泪腺发出分泌泪液的指令。

2. 什么是反射?

我们的意识不会参与胃液和泪液在刺激作用下的分泌过程。这类器官活动叫作"反射性活动"或"反射"，与之相对的是有意识的器官活动。一个人晚上在街上走，突然被铁丝网绊住了，他便会有意识地采取措施，越过障碍继续前进。所谓肌肉自主运动就属于这种有意识的活动。不过，同一种运动既可能是有意识的，也可能是反射性的。挠挠一个清醒的人的胳膊，他可以把手收回来，也很清楚为什么要这样做。而睡觉的人是没有意识的，但他依然能把被挠痒痒的胳膊缩回来；在这种情况下，手的活动是反射性的。

　　神经系统负责反射运动的中枢主要是脊髓。尽管人脑中也有这样的控制中心，但完全无意识的纯反射只发生在脊髓。如果将青蛙的头部切除，再掐一下它的脚掌，青蛙就会把腿收起来。这整个过程当然是无意识的，因为产生意识的脑部已经不存在了。条件反射通常是目的性的，也就是要满足身体的某种需求，但引发反射的同一种刺激却可以通过不同的方式产生；我们可以人为地施加刺激，引发无用的反射。如果一只认识牛奶的狗看到一杯牛奶，它会开始分泌唾液。过一段时间再给它看一杯用水冲开的白色粉末，狗同样会分泌唾液，尽管这种情况下的唾液毫无作用。这种无法理解刺激物的性质而产生的错误反射叫作条件反射。不过，有些原本正确的反射也可能被纳入条件反射的范畴，这些反射只在特定情况下才有积极的意义。如果在狗口中放入肉块，它会开始分泌唾液，而唾液会参与消化过程。这种反射是无条件的。但如果只是拿肉给狗看，狗还是会分泌唾液。这种情况下发生的就是条件反射了，因为只有随后真的把肉拿给狗吃，反射才是有用的。

　　反射活动的机制是这样的：之前我们提到，没有意识参与的反射活动以脊髓为中枢。脊髓就像一根粗绳，内部由脊髓灰质构成，外部由白质构成。由神经细胞构成的灰质就是反射活动的中心。神经从脊髓出发，向左右两边延伸出来，每根神经都有两个神经根。靠近背部的后根是感觉神经根，负责将刺激从体表传递到脊髓。在靠近脊髓的地方，这条神经根会增厚，形成所谓神经节。神经节本身就会感受刺激，然后通过自己的根部将刺激传递到脊髓灰质。一旦刺激到达灰质细胞，后者就会通过另一条神经根（前根）向肌肉发出命令或刺激，使之收缩。这两条神经根离开脊髓后不久便会合并成一根神经，但各自的神经纤维仍然保持独立。每条神经纤维就像电线一样，由特殊的绝缘物质和临近的纤维分隔开来。这条神经根叫作感觉神经根，而将刺激由体表传递到脊髓的整条神经纤维就叫感觉神经纤维；相应地，将中枢发出的指令传达到肌肉的神经纤维叫作运动神经纤维。刺激传递的速度非常有限。这让人不禁猜想，沿神经转移的能量并不是电流。可以用特定的仪器精确测量这个速度。青蛙神经中刺激的传递速度为每秒 30 ～ 40 米，也就是时速 130 公里左右。这和许多鸟类的飞行速度差不多。

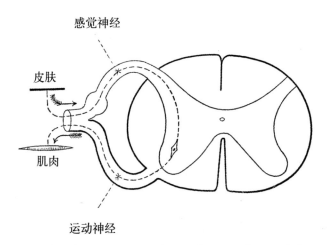

图 34　脊髓中的运动反射示意。图中所示为脊髓的横截面，中间部分表示脊髓灰质的神经细胞。皮肤接受刺激，经感觉神经到达灰质中的神经细胞，随后再沿着运动神经到达肌肉。

3. 本能与理性

如果条件反射不仅在生物个体的一生中反复发生，而且还在代际之间重复，这种反射涉及的脑区便会受到很大的影响。反射带来的重大改变甚至可以从父母传给后代。这样一来，对刺激产生无意识的反应就成了一种遗传的能力。本能就是这样形成的。

本能是一种无意识的冲动，会驱使动物采取某种行动，而行动的出发点一定是有利于个体或种群的。蜜蜂建造蜂房来收集花蜜，蚂蚁挖掘巢穴，这都是动物本能的表现。本能行为常让人觉得像是理性，其实不然，本能行为是无意识的，这就是本能和理性的区别。动物完全不明白自己为什么做这些事，它这样做只是因为从父母那里继承了特定反射的能力。因此，动物不能随意改变自己的本能行为，也不能调整行为来适应新的环境，更不可能有任何发明创造。

就像反射可以有误一样，本能也可能造成过失。我们看到一只鸡为了翻找谷粒而用爪子刨土，便会觉得它这么做是很聪明的；鸡似乎是知道用脚刨地就可以在下面找到吃的。实际上，这种刨地动作只是无意识的本能表现。假设有只鸡看着地面，它偶然动了动爪子，然后恰好发现了一粒谷子：这就形成了条件反射的条件。之后，只要它看到一块地面，就会因为条件反射而动起爪子来，就像狗看到肉会分泌唾液一样。鸡一看到土地，它的爪子就仿佛是自动开始刨起土来，又因为这个动作常常伴随着觅食成功的经验，反射就渐渐成了习惯，成了一种本能。所以，没有任何相关经验的雏鸡在这种情况下也会开始刨地。有时鸡会在毫无必要时产生刨地的冲动，这就说明刨地确实是一种无意识的本能行为。把谷粒倒在干净的地板上，鸡就会去啄食。由于鸡已经习惯了在刨地时发现谷粒，发现谷粒这件事本身就引发了刨地的条件反射，于是它开始在干净的地板上刨抓，把谷粒都推到旁边去了。

尽管任何动物都不能凭一己之力改变本能行为，但本能可以在一代代繁衍生息的进程中缓慢变化，逐渐变得更复杂、更完善。造成复杂化的原因和促进各种器官发育的因素相同，都是自然选择的结果。一些复杂本能，比如说蜜蜂和蚂蚁的建筑行为，就是这样形成的。我们的大脑皮层灰质中

图 35 用爪子去抓干净地板的鸡。

形成了很多分区，有的负责产生思想，有的具有对比现象的能力，还有的可以根据对比得出结论。与此同时，记忆力也得到发展。随着上述变化的发生，人类的本能行为逐渐被有意识的理性行为取代，也就是说理性逐渐替代了本能。本能和理性密切相关，最初的来源也相同。这是很明显的，因为同样的行为既可以出于本能，也可能出于理性。从个体角度来看，任何人纯粹的本能行为都可以带有理性的特征；反过来，理性行为经过多次重复，也可能成为一种本能。

有人沿着街道走向一座房子，这种步行无疑是有意识的。但如果是在几年内每天走过相同的路，比如上下班，重复的步行就可能变成本能行为。一个上班的人可能在放假的日子走去别的地方，却一不留神就无意识地转了个弯，回到平时上班的方向了。理性行为可以结合实际情况进行调整，理性生物在不同的情况下会有不同的举动，这就是它与本能行为的不同。如果鸡也有理性的话，它就不会刨抓光滑的地板了。所以，大脑智力活动的发展过程应该分为以下几个阶段：无条件反射、条件反射、简单本能、复杂本能，最后才是理性。

4. 脑的工作

与肌肉相比，我们对脑的工作机制知之甚少，尤其不了解思维的实质，也就是不清楚思维产生时脑部发生的情况。为什么会这样呢？原因很简单：我们无法用研究肌肉的那些实验来研究脑。我们可以切下青蛙的肌肉，让它工作，却没法对脑进行类似的操作。脑内不同部分的功能是通过动物实验来探查的。具体方法是切除或破坏动物脑中某个部分，然后观察肌体会发生怎样的变化。

人脑由五个部分组成：

①大脑或前脑；

②间脑；

③中脑；

④小脑；

⑤延髓。

大脑是产生意识和进行智力活动的场所。它由两个半球组成，半球的表面布满了脑沟和脑回。研究发现，不同动物的脑回发达程度也不相同，脑回越发达，这种动物的智力水平就越高。就连不同的人的脑回发达程度也常有差异；天资卓越的人，脑回是最发达的。单从这点就可以看出，大脑是思维的器官。动物实验表明意识的中心就位于大脑。如果切除动物的大脑半球，它还可以存活相当长的时间，却会彻底丧失意识和理解能力。失去大脑的鸽子可以走路，甚至可以吃东西，不过必须把食物深深推进它

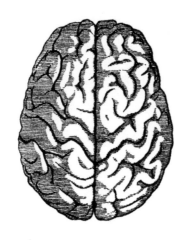

图 36　大脑半球。

嘴里才行。平时它只是闭着眼睛一动不动地坐着，好像在睡觉一样。把狗的左右大脑半球摘除之后，也会观察到类似的情况。

把半球切开就可以看到，大脑外部是一层壳状的灰质，而内部是白质，位置和脊髓中的相反。动物实验表明，负责体验感觉、向肌肉发出自主运动命令以及产生意识的部位都是灰色的大脑皮层。它的每个部分都主管一种特定的感觉，比如有专门接收和识别视觉信息的区域、专门负责听觉的区域等。同样，每个自主运动的肌肉群在大脑皮层上也有各自对应的分区。手、脚乃至舌头等部位的运动都有专门的控制区域。所有这些负责接收感觉和下达命令给肌肉的区域，都通过神经纤维与感觉器官或肌肉连接在一起。但也有一些不直接与感觉器官或肌肉连通的区域。它们只和上面提到的两种区域相连，也就是同时连着接受感觉的区域和发送命令的区域。人们认为，这些同肌肉和感觉器官分隔开的区域就是产生思想的地方，也是我们在现实中看到的各种事物的概念诞生的地方。

我们仔细看看图 37。刺激从叮咬部位沿着神经传到脊髓①；从那里发出的刺激引起反射性的肌肉抽搐。刺激从脊髓传到脑部②，再从那里传到

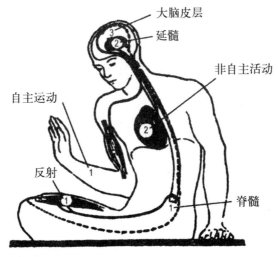

大脑皮层

延髓

非自主活动

自主运动

反射

脊髓

图 37 被蚊子叮咬时，我们的体内发生了什么？

各个器官，引发非自主性的脸红、心悸等反应。只有在刺激到达大脑皮层
③的时候，我们才会感觉自己被蚊子叮了；也只有在这时，我们才会有意
识地做出反应（比如把蚊子打死）。

　　我们可以借助下面的例子来想象大脑各区域的功能分布情况。假设一
个人站在火车轨道中间的路基上，看到一列火车正在开过来。这时工作的
是大脑皮层负责视觉感受与识别的区域。随后他听到火车的汽笛声，这是
大脑皮层中负责听觉的区域在工作。这两个部位的兴奋沿着神经纤维传递
到控制腿部自主运动的区域，这个区域就通过脊髓沿着神经纤维送出命令，
让腿部带人离开轨道。之后他可能走回家躺上床，尽管已经看不到火车也
听不到汽笛声，却能非常清晰地回想起火车的外观、车头和车厢的颜色、
从烟囱里冒出的烟雾的样子，甚至还有汽笛的声音。在回想这一切的同时，
负责产生心理体验的中枢开始工作。它就像一个工作站，一切有意识的知
觉都传到那里进行再加工，由此产生引发知觉的事物的概念。思想就是在
这里产生的，负责智力活动的器官就在这里。

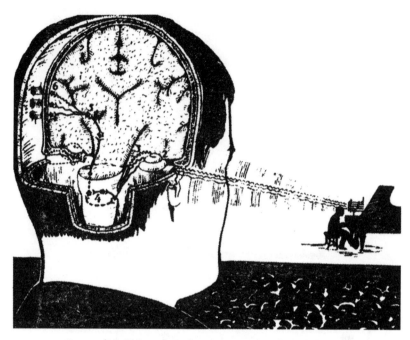

图 38　声音刺激从声源到大脑皮层接受区域的传输路径。

5. 思维跑得比光快吗?

我们的思维好像一瞬间就能轻而易举地抵达极远的事物。某人刚刚还想着火星，却能马上将思绪切换到土星；思维转移的速度就是这么快，简直连光也追不上。其实如果真的和光速相比，思维的速度简直慢得像乌龟。思维将火星带入我们的脑海，却用不着真的到那里去一趟，甚至都不用经过整个大脑，而只在它的一小部分里传播就行了。

思维产生的速度因其复杂程度而异。思维越复杂，形成所需的时间就越多，但无论如何，速度都是很慢的。我们之前说过，引起反射的刺激沿着神经传递的速度不超过多数鸟类飞行的速度，而思维产生及其向肌肉发出命令的速度还会更慢一些。因此如果有什么动作要尽快完成，人体进行的便是反射运动，而不是思考后采取的运动。

如果在走路的时候突然绊倒，我们的手臂会不由自主地向前伸去支撑地面，减轻摔倒时撞击的伤害。假如这种伸手动作是有意识的，那么从"必须伸手"的念头在脑海中浮现到想法变成实际行动的这段时间里，当事人可能已经摔倒好几次了。

6. 刺激要多久才会到达意识？

刺激沿着感觉神经到达人脑得花点时间。脑部接收刺激和产生感觉的过程也要花费时间。最后，感觉引发脉冲，也就是发送指令到特定的肌肉令其收缩，这些同样需要时间。人们完成以上过程所需的时间各不相同。用特殊的仪器可以精确测定这种差异。不同人体内感觉信息传达的时间从 0.1～0.5 秒不等。此外，刺激传递的时间长短还因感官而异。视觉信息的接收大约需要 0.2 秒；听觉稍短一些，是 0.12～0.15 秒。这种差异造成了一种奇怪的现象：人人都知道，声音在空气中传播的速度远小于光速？当我们看到有人在远处敲鼓，会先看到鼓槌落在鼓上，随后才会听到敲鼓的声音。但如果我们距离声源很近，顺序就会反过来。在观察电机放电时，我们会先听到火花迸溅的噼啪声，随后才会看到火花。但这个时间差还不到十分之一秒。

请看图 39。工作的肌肉①消耗血液中的营养物质。缺乏营养的血液②进入脑部③，对控制消化器官工作的中枢④⑤⑥进行刺激。于是胃液开始分泌，食道和胃部的肌肉开始收缩。这些刺激沿着神经⑦传递到大脑皮层⑧，我们就会感觉到饥饿。进食后，营养物质从小肠⑨进入血液，令血液充满养分。这样的血液到达脑部后会抑制消化中枢④⑤⑥的活动，并终止对它们的刺激。

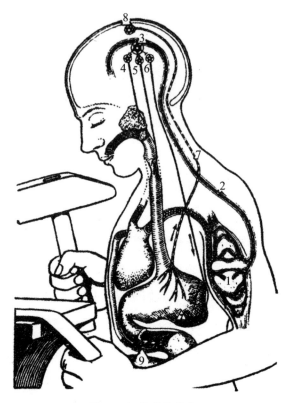

图 39　饥饿感的产生。

7. 个人误差

　　刺激从感觉器官到达脑部的速度以及脑部发出的命令到达肌肉的速度都因人而异。有的人快一点，有的人慢一点。在需要人工精确测定现象起始时间的情况下，不同观测者的差异就会表现出来。天文学家贝塞尔①和马斯基林②首先指出，不同的人在进行天文观测时，并不是同时看到同一天文

---

① 弗雷德里希·威廉·贝塞尔（1784～1846），德国数学家、天文学家。
② 内维尔·马斯基林（1734～1811），英国天文学家。

现象或听到相同的声响。有的人早一点，有的人晚一点。这种差异当然不大，不会超过十分之一秒，但是在精度要求极高的天文观测中，便会对研究结果造成可感的影响。

因此，天文学家进行观测时至少会重复两次，以便得到测量结果的平均值。不同个体感觉起始点的差异叫作个人误差。这个概念应该和观测的随机误差区分开来。个人误差不是错误：对每位观测者而言，个人误差在很长一段时间内都是恒定的。

8．男人的脑和女人的脑

成年男性的脑重 1360～1375 克，女性的脑重 1220～1245 克，女性的平均脑重比男性的稍微轻一些。

人脑是智力活动的中心，有些男人对女人有颇多成见，得知女人的脑比男人小，大概便会沾沾自喜。但他们高兴得太早了。就拿大象来说吧，象脑的重量大约是人脑的四倍，而大象的智力可不是人类的四倍。

脑的大小不仅与智力发展的水平有关，还和生物的体型相适应。象脑比人脑大，但它的体重与人体相差更多。人的体重是脑重的 42 倍，而象的体重是脑重的 440 倍。女性的绝对脑重小于男性，相对重量却丝毫不比男性小，因为女性的平均体重也小于男性。

总体来说，不能根据脑重来判断智力发展的水平。曾发现过大脑重达 2222 克的人，但他们的智力也没什么超常之处。

不错，有些伟人的脑重也高于一般水平。比如屠格涅夫[①]脑重 2012 克，

---

① 伊万·谢尔盖耶维奇·屠格涅夫（1818～1883），俄罗斯著名作家。

拜伦 [①]1807 克，居维叶 [②]1816 克；但甘必大 [③] 的脑重只有 1160 克，低于女性平均水平。这表明心智水平未必取决于脑部重量，而是取决于构成大脑皮层的神经细胞的质量。

9. 脑袋什么时候会比身子重？

我们对思考时脑中发生的情况知之甚少。但是，正如肌肉的工作伴随着肌肉物质的消耗和分解，脑的工作也应该消耗和分解其中的某些物质。思维的运作是某种能量的显现，而能量是不会凭空产生的。我们不知道这是哪种能量，但它的性质应该与电能类似。就拿铅酸电池来说吧，电的产生是酸与金属发生化学作用的结果。随着反应的进行，金属被氧化，酸变成盐；反应进行到最后，就不再产生电力了。这时就要把电池中积累的废物清除掉，添加被消耗的物质。同理，随着思维活动的进行，大脑会消耗一些物质，同时生成一些无用的产物。废物会被血液带走，而血液又为脑部带来养分，补充思维消耗的物质。

实际情况正是如此。事实证明，脑部工作时血管会扩张，流入脑中的血流量增加。解答难题的学生会因为有血液涌入头部而脸色发红，有些人甚至会流鼻血。意大利著名生理学家莫索曾观察过一个被施过开颅术的病人，透过颅骨上的小孔可以直接看到大脑。在病人进行脑力活动的时候，脑的表面由于血流量增加而明显变红了。

莫索还设计了一种特别的秤，人可以把身体的躯干部分放在一个秤盘

---

① 乔治·戈登·拜伦（1788～1824），英国著名诗人。

② 乔治·利奥波德·德·居维叶（1769～1832），法国自然科学家，在比较解剖学和古生物学上有卓越建树。

③ 里昂·甘必大（1838～1882），法国政治家。

上，把头放在另一个秤盘上。用特殊的装置可以平衡身体，防止躯干对头部产生作用力。如果让人躺在这样的秤上，然后向他布置任务，或者请他思考一些问题，原先的重心就会从躯干向头部转移。产生这种现象的原因显然是血液从躯干流向头部：躯干变轻，而头部变重了。

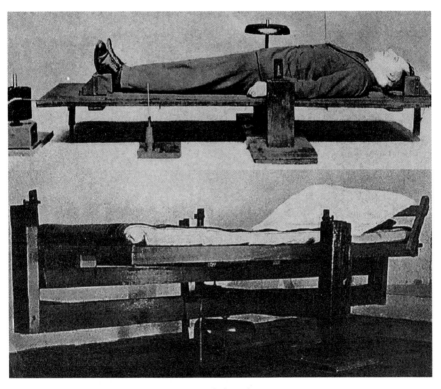

图 40 莫索的实验。

10. 脑疲劳

在高强度的脑力工作后，我们会感到疲惫。有理由认为，脑内物质分解的有害产物和肌肉工作的产物性质相似。前面我们说过，如果将肌肉代谢的产物（如乳酸）或疲劳动物体内的血液注射到一只体力充沛的动物的血液中，这只动物就会表现出疲惫的迹象。用肌力描记器研究表明，人在脑疲劳的时候，肌肉也会呈现出疲惫的特征；体力耗竭的人从事脑力劳动，效果也会很差。种种事实都说明，导致肌肉疲劳和脑疲劳的原因即便不完全相同，也应该具有类似的性质。所以不要觉得疲惫的头脑可以用体力活动来放松，也不要觉得脑力劳动可以让人摆脱身体的疲倦。手臂累了，腿脚也无法工作；腿脚疲惫了，头脑也无法正常工作。如果要求中小学生在连续几个小时的脑力劳动后立刻做体操，他们不仅得不到休息，还会继续消耗精力，就像还在上课一样。体操等体力活动对学生的身体全面健康发展是必要的，但我们不能简单地把它看作放松头脑的休息活动。头和躯干是同一身体的不同部分。如果头累了，躯干也会疲倦；反过来，躯干的疲惫也会导致头的乏力。不过头比躯干要小得多，因此精神疲劳引发的生理疲劳要比躯体对精神状态的影响弱得多。体力不支的人脑袋也变得很不灵光，而对于脑疲劳的人，肌肉的工作尽管比体力充沛时稍差一些，但也不会太糟糕。

11. 脑疲劳的后果

在中小学生身上最容易观察到脑疲劳的后果，因为他们上学时要大量进行脑力活动；脑疲劳的后果已在他们身上得到了基本的研究。研究者伯格斯坦让约 160 名 11～13 岁的儿童在一小时内进行四轮简单的算术运算。每轮运算持续 10 分钟，结束后有 5 分钟的休息，接着再进行下一轮运算，如此重复四次。结束后核对大家的答案，情况如下：第一轮运算的错误率是 3%；第二轮的错误率上升到 4%；第三轮的错误率超过 5.5%；第四轮已经达到了 6%。很明显，错误率逐渐升高就是脑疲劳加剧的结果，且这种疲劳仅在 10 分钟的脑力工作后就已经开始了。

研究者西科尔斯基检查了 1500 份听写答卷,其中有一半的听写是在早课时进行的,另一半则是在中午快下课时。他统计了听写中笔误的数量,也就是纯粹由于注意力不够集中而引发的错误数量。在所有年级的统计结果中,临近中午听写的笔误数量比晨课听写要多出 33%。在笔误的情况下,孩子们本该写某个字母,却写成了字形或发音相似的另一个。显然,脑疲劳削弱了他们区分相近字母的能力。

如果让疲劳的人休息足够长的时间,脑疲劳的影响就会减退。但如果休息的时间不够,日复一日,残余的疲惫就会累积起来,最终可能让身体彻底垮掉。过度劳累的学生看上去无精打采,情绪容易波动,犯头痛、心悸,有时还会失眠;学习能力下降;有时这种神经失调甚至会叫人发疯。

根据涅斯捷罗夫博士的研究,神经系统失调的学生在低年级有8% ～ 20%,在高年级有 60% ～ 70%。这种由大脑过度劳累引发的病态通常表现为所谓神经衰弱。

由此可见,最难的课程应该安排在早上,最容易的应该放在最后,并且课间休息应该随着课程的增加而逐渐延长。我们知道,合理的劳逸结合会让肌肉工作得越来越好。脑力劳动也是一样,只要不过度劳累,就能促进智力的提高。如果整天不动脑子,这些能力也会退化。

12. 如何衡量脑的工作情况?

肌肉的工作就像各种机械的运转一样,可以得到精确的测量。我们能测出肌肉工作量的数值大小,却不能区分质量的优劣,也就是说,无法判断肌肉工作得是好是坏。如果一位工匠把某样东西做得很差,另一位却做得很好,这并不意味着前者的肌肉工作得不好,后者的肌肉就很优秀。肌肉对工作的质量不起任何作用。第二位工匠做工出色，只是因为他的头脑比第一位更出色，才智运用得更好，视觉等感官更加敏锐，对工作更加专注用心。简而言之，他让肌肉的工作成果得到了更好的利用。

脑力劳动的性质则完全不同。我们并不知道用什么单位来衡量脑力劳动的数量特征。用时间单位是不行的，因为在相同的时间里，有人可以完成很多脑力劳动，有人却很少。我们只能根据最终达到的结果，大致判断脑力劳动的数量特征。即便如此，这种判断也可能错得厉害，因为就算特别紧张的脑力活动也可能毫无收获。

脑力活动可以估计数量，此外也可以判断质量，这是它与肌肉工作的又一个区别。我们可以说肌肉做功多少，而脑力劳动除了多少之别，还有好坏之分。

13. 脑在什么时候工作表现最好？

脑力劳动的质量取决于很多因素，首先是脑本身的属性。在相同的条件下，有些人脑的性能良好，有些人却很糟糕。对同一个人来说，达到最佳工作状态的条件也多种多样。脑比肌肉要敏感、苛求得多。只让它放松是不够的；它不仅需要许多开工条件，还需要另外一些能达到最佳工作状态的条件。脑力工作成功的第一个条件是要让注意力集中在工作对象上。如果注意力被其他感官受到的刺激分散，如有刺耳的噪声或旁人的谈话一直往耳朵里钻，脑力劳动的状况就好不了。不同人进入工作状态和集中注意力的条件也各不相同。这种差异在作家的脑力劳动中特别突出。有的作家早上状态最好，写作时要坐在窗前，还要看得到某栋特定的建筑；有的作家呢，只要桌子上有花，写作就会进展顺利；还有的作家只能在夜间写作，等等。在完成一些思维强度要求不太大的工作时，脑不会那么挑剔，在不太理想的环境下也能胜任。

　　脑力劳动达到最佳效果的第二个条件是工作者对工作的兴趣。体力劳动也是在工人对工作感兴趣的情况下效果最佳。在这种情况下，最佳效果也离不开脑的参与，因为肌肉不会对工作感兴趣或是不感兴趣。兴趣是在脑内产生的，产生兴趣的脑会向肌肉发送更强大的命令。与体力劳动相比，兴趣对纯脑力劳动的成效影响更大，因为脑力劳动对自由选择有着特别高的要求。被强迫的人也可以进行脑力劳动，但只能完成那些思维强度要求不太大的工作。

14. 言语和书写的中枢

　　有一种脑部疾病会让患者丧失说话的能力。对患者遗体进行解剖可以发现，其大脑皮质中都有一个特定的部分受到了损坏。这个部分叫作言语中枢[①]。它位于大脑左半球的额下回，而且只存在于左半球。左撇子（也就是左手比右手更灵巧的人）的言语中枢同样位于额下回，不过是在大脑右半球。

　　绝大多数人的右半身都比左半身更发达，右侧肌肉的工作状况也更好；这些肌肉与大脑的连接呈交叉分布，也就是说，身体右侧的肌肉通过神经纤维与左脑相连，言语中枢的损坏只会让患者失去说话的能力，患上一种叫作失语症的疾病。患者可以理解别人的话语，可以正确读写，可以哼出歌曲的调子，只是仿佛丢掉了说话的本领。

　　如果主管右手活动的大脑半球额中回后部受损，人会丧失书写的能力，患上一种叫作失写症的疾病。患者可以自由控制手部肌肉，正常听读、表

---

① 如今称为"运动性语言中枢"。

达和理解，只是不能让手部完成书写所必需的动作。

15. 生命中枢

　　人们对脑内不同部分的功能了解得很少，因为脑部实验很难进行。我们可以通过两种办法来了解脑内各部分的功能：一种办法是破坏活体动物脑中的不同部位，然后观察其身体在脑受损后会出现什么反常状况。不过，用这种方法不能解释某些人脑独具而动物脑并没有的功能。动物没有负责言语和书写等功能的中枢。另一种办法是解剖生前有行为异常的患者尸体的脑部。

　　通过这些办法，人们发现控制血管收缩的中枢位于延髓。血管壁上是有肌肉的，它们在收缩时可以让血管变细，舒张时可以使之变粗。我们的脸会变红，正是血管变粗的效果；其原因多种多样，比如寒冷、焦虑等。延髓中分布着咀嚼、吸吮、吞咽、唾液分泌、眼睑闭合和呼吸运动的中枢。如果把狗除延髓外的整个脑部切除，狗还可以存活一段时间；但如果保留其完整脑部，只是切除作为呼吸中枢的部分，狗便会立即死亡。所以我们才把延髓称作生命中枢。狗之所以迅速死亡，是因为它"忘记"了如何呼吸。

第八部分　睡眠

1. 吃饭和睡觉，哪个更重要？

疲惫的肌肉和脑都需要休息，而最好的休息来自睡眠。人在清醒时也能让肌肉得到一定的放松，只要停止工作就好；心肌可以在两次心脏收缩的间隙放松放松，但人脑在觉醒状态是几乎没有休息机会的，只有在主人睡觉时才能放松。睡着的人会完全失去意识，这就是脑进入休息状态的主要表现。一些长时间无法睡眠的事例证明了睡眠是极其必要的。有这样一个案例：有个火车司机被迫连续驾驶机车，好几天都不能睡觉，到最后一晚便精神失常了。连续睡了15个小时后，这位司机醒过来，又恢复了健康。

著名学者马纳谢因纳[①]用小狗做实验并得出结论：睡眠比进食更加不可或缺。她让小狗饿了20天。小狗自然日渐消瘦，体重减轻了一大半，但只要重新开始进食，身体就渐渐恢复了正常。另一些小狗连续5天不能睡觉，尽管在这期间食物充足，想吃多少就吃多少，最后却全部死亡。长期失眠会使体温降低，红细胞数量减少，营养失衡，同时还会使血液浓度增高，脑内物质出现脂肪变性。

2. 睡觉的时候，我们的身体会经历什么？

在完全入睡之前，我们的身体会进入一种介于沉睡和清醒之间的状态。如果一个人坐在椅子上，像"鸡啄米"一样打盹，这就说明他的意识和感官的活动还没有完全失效。

---

① 玛利亚·米哈伊洛夫娜·马纳谢因纳（1841～1903），俄罗斯生理学家。

我们从梦中苏醒时也是一样，首先会进入一种无意识状态，可以看到和听到周围的情况，但意识还处于被抑制的状态。在睡梦中，我们会彻底失去意识；自主运动的能力和意志都会消失。如果挠一挠熟睡者的手或脚，他会做出缩回手脚的动作，但这完全是无意识的反射，就像切掉头的青蛙被掐一下也会收回爪子一样。睡着的人并不是完全听不到声音，只是微弱的声音不会给他留下任何印象。哪怕是睁着眼睛睡觉，熟睡者仍然什么也看不见。但是，人脑负责思维的部位只有在深度睡眠中才会彻底停止工作。通常情况下，这些脑区在睡梦中并不彻底休息，只是活动的强度很低，做梦就是这种脑部活动的结果。

在睡眠期间，只有自主运动的肌肉处于完全静止，而非自主运动的肌肉（如维持呼吸功能的肌肉、肠道的肌肉等）还会继续工作。这种肌肉的收缩都有一定间隔，它们可以在此期间得到休息。尽管如此，这些肌肉在睡眠中的工作强度还是显著降低了。呼吸变慢变浅，吸气时胸腔扩张的方式也发生了改变：男性清醒时采用"腹式"呼吸，而睡觉时更多是类似女性的"胸式"呼吸。反过来，女性的"胸式"呼吸在睡梦中会进一步增加，腹式呼吸则相应减少。睡眠期间的心跳速度和强度都会降低，因此脉搏也会变慢变弱。

这样一来，血液会在身体的某些部位（主要是皮下）发生淤积；手上、脚上、脸上都会出现浮肿。因此，睡觉的人需要采取一些措施来保证血液的自由循环。也正是由于这个原因，穿着收腰的衣服睡觉是有害的。在睡眠期间，特别在深睡眠期，脑血流会减少，但在某些阶段（如快速眼动睡眠阶段），脑的血流量可能会增加。此外，制造剧烈声响或摇晃睡眠者也可以把他弄醒。在这些情况下，睡觉者血液不足的脑部重新获得了血液补充，这就引发了苏醒。

由此可见，人脑中负责接收外界刺激（声音、皮肤触感）的部分在睡眠期间继续工作，尽管活动强度显著减弱了。大脑半球中产生意识的部分或深或浅地陷入睡眠，而延髓和小脑等其他部分则在睡眠中保持活跃，因为受到这些中枢控制的器官和肌肉（如呼吸肌）都还在照常活动。消化系统也继续工作，尽管消化能力常常有所减弱。

3. 哪些器官会在睡梦中加强活动？

人睡着的时候，自主运动的肌肉和脑部主要处于放松状态。放松的意思是说，血液会带走体内肌肉和神经组织活动产出的废物，同时补充它们在工作中消耗掉的物质。身体赶在夜间清除血液中的有害废物，是为了在早晨到来前恢复力量。

4. 为什么我们有时会睡不着？

凡是会让血液急剧涌向脑部的因素，都会引发失眠。狗的头部如果低于身体，它就无法入睡。过度的身心劳累不仅无助于入睡，反而会让睡意消散。这是因为过度劳累常常是由超负荷的工作导致的，而工作伴随着心脏活动的增强；结果，心脏给脑部的供血太多，叫人没法产生睡意。双脚受冻时难以入睡也是同样的缘故：由于腿脚冰凉，心脏就会增加对脑部的供血。因此，失眠的时候要把腿脚盖得厚一些。不管是喜悦还是痛苦，波动的情绪也会导致失眠。情绪波动伴随着心脏工作的加强，从而增加了头部供血。强烈的感官刺激也会驱散睡意，这也就是很多人开着灯就睡不着的原因。

不过，我们的身体很快就会适应这样的刺激。习惯了刺激的人不仅不会因此失眠，还可能在刺激忽然消失时从梦中惊醒。车厢里的乘客可以在行车的颠簸中熟睡，却会在停车时忽然醒来。一切兴奋性的物质都可能引发失眠，因为它们会加强心脏的活动。很多人喝了浓茶或咖啡就会失眠。不过，持续的单调而微弱的刺激，比如钟表的嘀嗒声、炉子背后蟋蟀的鸣叫声、唱给孩子的摇篮曲，却可以有效地帮助入睡。

5. 为什么我们会打哈欠和伸懒腰？

打哈欠是一个信号，提醒我们该睡觉了，就算不睡觉也应该停止工作。我们打哈欠时会张大嘴巴，缓缓深吸一口气，再同样缓慢地呼气。打哈欠对身体是有益的：疲劳的人血液中氧气含量不足，二氧化碳却过多。在我们打哈欠的时候，进入肺部的空气比平时呼吸时多得多，血液也能从肺中吸收更多氧气。打哈欠就是给肺部换气。引发哈欠的直接原因是大脑缺氧或疲劳；因此，患有贫血病或失血过多的人会经常打哈欠，而且在站着或者坐着的时候尤其频繁。他们躺下来就不打哈欠了，因为卧姿有助于更多的血液流入头部。

如果有人在会议或讲座上打哈欠，这说明他可能没有认真听讲。认真听讲的人得开动大脑，去理解听到的内容，自然就不会打哈欠了。饱餐一顿之后，血液开始从头部流向胃，我们也就随之产生了困意，开始哈欠连连。可以靠意志去忍住哈欠；如果放任它不管，一旦碰到诱发因素，我们就会开始打哈欠；看到打哈欠的人，甚至是打哈欠的狗，都可以诱发哈欠。众所周知，哈欠是会"传染"的；只要人群中有一个人打哈欠，其他人也会控制不住地打起哈欠来。

伸懒腰也对身体有好处。由于疲惫，血液可能郁积在身体各处。伸懒腰的时候，这些血液就疏散开来，血液在体内的分布变得更加均匀。在睡眠期间，由于部分血管受到来自身体自重的压力，又由于心脏的工作强度降低，也可能形成血液郁积。因此，我们刚起床时也会像睡前一样伸懒腰，尽管身体在睡眠中已经得到了完全的休息。

6. 人脑内的插头

为什么人和动物在有些条件下就会陷入昏睡，特别是劳累之后呢？目前还解释得不够清楚。只有一些多少有点道理的假设。有些人认为，肌肉和脑部工作时的分解产物本身就能起到催眠的作用：它们让大脑进入无法工作的麻痹状态，导致意识消失，人就进入了睡眠。普莱尔[①]认为，这些代谢产物很容易和血液中的氧结合，所以身体里没有足够的氧气来制造产生意识所需的能量。人脑中思想和意识的生成都停止了，人就睡着了。

在睡眠期间，人体可以通过肾脏和汗腺等器官排出这些有害物质，从空气中吸收足够多的氧气并积累在血液中；脑部恢复工作，人也随之苏醒。这些有害产物中包括乳酸，也就是肌肉工作时在血液中生成的物质。我们知道，向精力充沛的狗的血液内注射乳酸，会使它显出疲惫迹象，变得昏昏欲睡。这就说明，我们喝下的酸奶、乳清，甚至只是加糖的乳酸水溶液，都有催眠的效果，可以说凡是乳制品都能让人犯困。哺乳期的婴儿只喝奶，几乎一天到晚都在睡觉。相比于精神上的疲惫，这些催眠的产物在身体疲倦时积累得更多，所以从事体力劳动的人比只从事脑力劳动的人睡得更沉。

杜瓦尔[②]对于人产生睡意的原因另有解释：他认为，大脑灰质是由极其微小的单位——神经细胞组成的。这种细胞有一些突触，与相邻细胞的突触相连，这样就使细胞活动传递到了相邻的单位。但是在人脑产生意识的

---

① 泰利·威廉·普莱尔（1841～1897），英裔德籍生理学家。
② 马提亚斯-马利亚·杜瓦尔（1844～1907），法国组织学家、生理学家、解剖学家。

部分，相邻细胞的突触并不是连成一体的，也就是说，突触之间不是彼此连接，只是相互接触。持续刺激过后，这些相邻细胞的突触缩短，接触关系被破坏；所以人脑中负责意识和思想的部分就与负责接收感觉的部分断了联系。由于联络被切断，这部分大脑接收不到任何感觉，也就没了加工的材料，结果就丧失意识，进入了睡眠。

杜瓦尔认为，正在入睡的人脑部的工作情况可以比作电灯，电灯之所以会亮，就是因为它通过插头与电源相连。插上插头，灯就点亮；拔掉插销，灯就熄灭。人脑内也是一样。负责意识的脑区内细胞的"插头"与脑中其余细胞接通，意识就活跃；拔掉"插头"，意识就"熄灭"，睡意随之产生。

上面提到的两种原因可能共同起作用：脑细胞的分离是由体力和脑力劳动过程中，肌肉和脑部代谢产物在血液中累积而造成的。

7. 人需要睡多久？

关于人需要多少睡眠的问题，通常的答案是平均每天 8 小时——人的一生有三分之一是在睡梦中度过的。一个身体健康、工作量适中的成年人大概就睡这么久。但工作有许多种，人也各不相同。经过 8 小时的繁重劳动，8 小时的睡眠可能就显得不够了。与成年人相比，儿童需要的睡眠时间更长，因为他们累得更快。儿童的生命力主要用来长身体，留给工作的部分就很少了。

睡眠的时间长短还取决于意识的发展水平。过去人们认为，意识和智力水平越高的人应该睡得越久，这样才能使精力充分复原，因为意识的产生也是一种消耗精力的活动。然而，我们观察到的情况却恰好相反：人的意识越发达，睡眠时间就越少。这又怎么解释呢？因为意识受到压抑往往是身体虚弱的结果，而身体虚弱的人自然很容易感到疲倦，需要更长休息的时间。

婴儿（特别是刚出生几周的婴儿）只有在吮吸母亲的乳头时才会从梦中醒来，而在剩下的约 22 小时里都在睡觉。1～2 岁的幼儿每天要睡 16～18 小时；2～3 岁的幼儿需要 15～17 小时；3～4 岁需要 14～16 小时；4～5 岁需要 13～15 小时；5～9 岁需要 10～12 小时；9～13 岁需要 8～10 小时。在从童年向青少年的过渡时期，孩子们迎来性成熟，对睡眠的需求也略有增加。而当人到中年，哪怕身体非常健康，每天睡 5～7 小时也就够了。

老年人一般有两类。一类智力水平显著退化，身体也变得衰弱。这种老人就像孩子一样，累得快，睡得久；有些人每天睡 20 个小时，却还觉得休息不够。还有一类老年人，尽管年事已高，却仍然精神矍铄，思维活跃。他们恢复体力所需的时间甚至比一些年富力强的人还要少，因为青壮年人除了工作之外，还把很多精力用来丰富人生体验、满足欲望和为生活操心发愁。老年人对待生活的心态则平和得多，不再被欲望支配，因此会比中年人耗费更少的能量。由于这个缘故，相对短暂的睡眠就可以满足他们的需要。有些老年人每天只睡 4～5 小时。

睡眠不足会让人感觉疲乏、虚弱、心情低落、烦躁不安。如果每天都睡眠不足，日复一日，长此以往，上述的症状都会加剧，还可能导致所谓神经衰弱。另外，睡得太久也对身体有害。睡眠过多的人会发胖，变得迟钝又呆滞，智力水平降低。

如果睡眠过多，对孩子同样会造成胃肠道功能、免疫功能方面的损害。

第九部分　催眠

1. 什么是催眠？

催眠是一种类似睡眠的特殊状态。它与睡眠的区别在于，被催眠的人并没有完全失去意识：他能看、能听、能回答问题，但是他的理智尤其是意志会受到严重的压抑。被催眠的人更像一个梦游者，在睡梦中起身，开始行走，有时还会爬上屋顶，或是在清醒的人绝不会去的地方走来走去。

早在古代埃及，就有祭司会将人催眠，再向他们灌输疾病痊愈的暗示，病人就会真的痊愈。根据一些传闻和报道，印度的托钵僧可以给自己催眠，处于催眠状态的身体会表现出匪夷所思的特性。他们的感觉变钝，心跳减弱，呼吸几乎停止，体温降低，甚至能适应一些极端的生存环境。托钵僧认为身体的这些能力是奇迹的显现；用他们的话来说，此时人的灵魂与神灵交融在一起。其实这种状态应该被看作一种深度催眠，被催眠者进入一种类似动物冬眠的昏睡状态。在中世纪的欧洲，人们认为具有催眠能力的人是巫师或巫婆，会把他们绑在火刑柱上烧死。

18 世纪末，名噪一时的弗兰兹·麦斯麦开始用催眠术给人治病，他把催眠叫作"动物磁力"。他的治疗方法引发了很大的争议，巴黎科学院还专门组成了一个委员会，对这种方法进行研究，委员会成员包括著名科学家拉瓦锡[①]和富兰克林[②]。委员会最终得出结论，认为麦斯麦的"动物磁力"（或称"麦斯麦术"）是一个骗局。然而尽管有这种毁灭性的判决，还是有很多人继续使用催眠术，因为一些催眠案例中呈现的情况绝非骗术那么简单。有人坚信，用某种手段是能让人入睡并回答提问的。

[①]　安托万·拉瓦锡（1743 ~ 1794），法国著名化学家。
[②]　本杰明·富兰克林（1706 ~ 1790），美国著名政治家、文学家、科学家，曾长期在法国活动。

19 世纪 40 年代，英国医生詹姆斯·布雷德认为，进行催眠不需要什么神秘的环境，也不需要任何手部动作（所谓"手势"），只要让被催眠者专心注视眼前的某个物体就够了。于是人们开始把发光的球体作为催眠道具。在麦斯麦术的实践过程中，人们发现了很多怪异、神秘、引人好奇的现象，所以也有很多骗子或魔术师为了赚钱，以催眠术之名进行公开表演。

布雷德医生试图撇清麦斯麦术与骗术的关系，但成效不大；学者们还是认为麦斯麦术不过是变戏法。19 世纪 70 年代，德国出了一位名叫汉森的催眠师，他周游世界，进行公开的催眠表演。他的演出引起了很多学者的兴趣。很快，催眠术在很多国家都成了科学研究的对象。法国著名学者夏科[①]就研究过催眠术；俄罗斯催眠术研究的代表人物是 В.Я. 丹尼列夫斯基[②]教授。

不同人的催眠易感性不同，同一个人在不同时间的易感性也存在差异。有人很难被催眠，有人却非常容易进入催眠状态。如果一个入睡困难的人反复经历催眠实验，易感性可能会变得很强。这些习惯成自然的被催眠者甚至用不着催眠师了，只要坐下来盯着一个发光物体看一会儿，就会自己睡过去。性格活泼的人很难被催眠，因为他们不能长时间集中观察同一个对象；智力水平低下的人也不易被催眠。性格软弱的人、精神不振的人和小孩子的易感性比较强。性格刚毅的人也很难被催眠。

按照作用程度的不同，可以将催眠划分为三种状态。第一种状态是昏沉。被催眠者闭着眼睛，如果想睁开眼睛，需要费一些力气，但还是可能做到的。这时他还无法接受暗示，理性和意志都还没有被压抑。

第二种状态是完全的睡眠。被催眠者已经无法睁开眼睛，感觉变得迟钝，感受不到针刺，被刺处也不会出血。在这个阶段，被催眠者很容易受

---

① 让-马丁·夏科（1825～1893），法国精神病学家、教育家。
② 瓦西里·雅科夫列维奇·丹尼列夫斯基（1852～1939），俄罗斯生理学家。

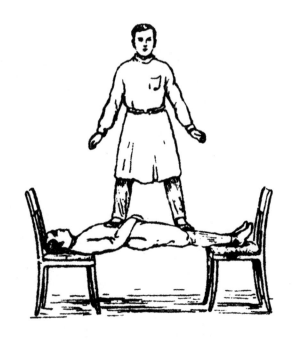

图 41　木僵桥。
被催眠者的身体由于肌肉麻痹，可以支撑一个人的体重。

到暗示。但最显著的变化发生在肌肉上。肌肉变得像蜡一样柔软，可以任人摆布塑形。我们可以把被催眠者摆成随便什么姿势，甚至是非常不自然的造型，而他可以保持这个姿势长达 20 ～ 30 分钟，如同一尊蜡像。这种身体状态叫作"木僵"。当木僵非常彻底的时候，被催眠者的身体就像被冻僵了，也就是失去了弹性：把他的头放在一把椅子上，脚后跟放在另一把椅子上，他的身体也还是会像圆木一样架在那里，不会因为自重而弯曲。即便催眠师在被催眠者的身体上坐下或站立，也不会把身体弄弯。不过，不是所有被催眠者都能进入木僵状态：有些人就是无法进入这种状态；有时木僵状态出现了，却有可能表现为不同的形式。比如可能只有一半的身体，或只有一只手、一条腿进入了木僵状态。引发木僵的原因可以是暗示，也可以只是抚摩。被催眠者醒来之后，不会记得睡着的时候发生了什么，或者只能模模糊糊地想起一点。

催眠的第三种状态是所谓梦游。在催眠师的暗示下，被催眠者可以说话、回答问题、行走或完成催眠师吩咐的事情。在暗示的影响下，他还会开始产生幻觉，听到和看到一些实际上不存在的东西，感受到毫无来由的疼痛。在这种状态下，催眠师可以指示被催眠者在醒来之后做一些事情，甚至可以敲定具体的时限。等时间到了，已经完全恢复意识的被催眠者仍然会按照吩咐完成任务，哪怕任务本身非常荒唐可笑。比如我们可以暗示被催眠者去捉一只猫，把它放进衣柜的抽屉里，然后用钥匙把它锁在里面。被催眠者会在明显已经恢复意识的情况下，毫不含糊地做完这一切。

把人从催眠状态唤醒的方法有很多。有时催眠师只要命令被催眠者醒来就够了。在某些情况下，只要向被催眠者的脸上或耳朵里吹口气，就可以轻轻松松地把他叫醒了。

2. 怎么飞上月球？

许多可靠的事实都表明，催眠师的暗示能造成极为不可思议的结果。曾有个士兵被灌输了"煤是美食"的暗示，便开始吃煤；他甚至苏醒后都还继续吃煤，只是非常惊讶，不知自己这种咀嚼煤炭的古怪念头从何而来。另一个被催眠者接到喝水的指令，却被告知这是伏特加，结果他就真的喝醉了。还有个被催眠者被灌输了"身处墓地"的暗示；催眠师要求他进入一个想象中的坟墓，打开一个想象中的棺材。接到这样的命令后，被催眠者果真表现出恐惧和厌恶的神情。下面是一位姑娘的催眠实验。催眠师对她说：

"睡吧。"

她睡着了。

"把猫抱上膝盖。"

她从地板上抱起想象中的猫，开始抚摩它。

"猫在抓您。"

姑娘害怕地做出把猫扔下去的动作。

"您鼻子有点儿痒。"

她打了个喷嚏。

"您嗓子痒痒。"

她咳嗽了起来。

"您的皮肤不太敏感。"催眠师用手指捻起姑娘的一小块皮肤，然后用针刺破。

姑娘没有半点疼痛的迹象。

"现在您很敏感。"

只是轻轻一扎，姑娘就感到剧烈的疼痛。

"您看到大象了吗？"

"看到了。"姑娘回答，"它卷起了长鼻子。"

"大象怎么进得了房间呢？"

"这我就不知道了。"姑娘说。

"我咳嗽一声，您就醒了。"

催眠师咳嗽一声，姑娘果真醒了过来。

在暗示之下，被催眠者可能完全变了个人，甚至能变成动物。还是刚才这位姑娘，医生暗示说她是个还在上学的 8 岁小女孩儿。于是被催眠者开始用小孩的声音回答问题，用幼稚的笔迹写字，蹦蹦跳跳地走路，行为举止果真像个小女孩儿。之后医生又说她是位 70 岁的老太太，姑娘便开始表现得像个虚弱的老妇。还有催眠师让一位女士相信，她已经变成了一只待在鸟笼里的鹦鹉。

这位女士果真觉得自己成了鹦鹉，便严肃认真地问道："那我可以吃笼子里的种子吗？"

暗示被催眠者说她是战场上的将军，她便开始发号施令。性格温顺的人在催眠状态下可以变得凶悍蛮横，而勇敢的人却可能变成懦夫。

如果多次进行相同的暗示，这种性格改变可能在催眠结束后继续维持。曾有个胃口不好的女士接受了催眠，医生暗示她多吃点东西。醒来后她完全记不得有这种暗示，可她的食量却真的增加了。我们还可以暗示被催眠者忘记某件事情，这样他醒来后也仍然记不得这件事。可以通过催眠让人忘掉自己的名字和姓氏，或者亲戚朋友的名字。

还有个受过教育的青年，催眠师暗示他登上想象中的气球，然后飞上月球。被催眠者正描述着整个旅途，突然爆发出一阵大笑。

"你看，"他说，"看那个闪光的大球，就在那下面。"

这是青年在想象从月球看向地球的情景。他在月球上看到了很多神奇的动物，还描述了它们的外貌。当催眠师要他把这些动物带回地球时，青年却说这很难做到，还发起了脾气。

"你要抓就抓吧，我才不自找麻烦。"

此外，被催眠者也意识到这趟旅行非常古怪。

"如果我们把这些讲给别人听，"他说，"很遗憾，没人会相信的。"

催眠师指示年轻人沿着一根细绳从月球上下来。年轻人开始下降，但同时也开始抱怨，说绳子会划手。

指令的效果可以在催眠结束后持续相当长的时间。曾有催眠师暗示实验室里的一位学生，说他在实验室里是划不着火柴的；这种情况真的出现了，不仅是在催眠状态下，而且在他醒来后很长时间内都是如此。虽然早就清醒了，但他在实验室里怎么都划不着火柴，在别的地方却能轻易做到。

如果催眠师暗示被催眠者去做不喜欢的事，他就不一定会完成指令。

有催眠师暗示一个少女去接近陌生男性，并亲吻对方的手。被催眠者完成了任务的第一部分，可临近亲吻时却变得歇斯底里。

暗示还能引发人体特定的生理变化。有人在清醒状态下烧伤了双肩，且烧伤部位完全对称。然后在催眠期间，他接受了让一侧肩膀停止疼痛的暗示。醒来之后，病人这一侧的肩膀比另一侧恢复得更快了。如果暗示被催眠者，说他吃了某种可以食用的东西，被催眠者胃内就会开始分泌胃液，胃液还会因想象的食物种类不同而具有不同性质。如果暗示被催眠者，说他喝了很多水，随后就会发现其体内的血液浓度降低，而且还分泌了更多低浓度的尿液。由此可见，暗示可以令被催眠者的器官发生各种各样的生理变化。

暗示对完全清醒的人也能起作用。在一间大教室里，演讲者打开一小瓶水的瓶塞，然后假装瓶内液体会发出强烈的气味，并告诉听众说他们会闻到一种强烈但并不讨厌的味道，然后要求闻到气味的听众举手示意。15秒钟之后，已经有两位坐在第一排的听众举起了手；40秒钟之后，坐在后排的几个人也把手举了起来。

丹尼列夫斯基教授认为，这种在不用催眠就能引起虚假感觉和念头的暗示，在我们的日常生活中也会出现。

3. 催眠的危害

催眠师能暗示被催眠者在醒来后的一定期限内完成这样那样的事情。醒来的被催眠者会一直等到指定的时刻，才会想起暗示的内容，然后去完成指令。一位被催眠的女士受到暗示，要她在4335分钟之后进行某项活动，而她果真严格按照这个期限完成了指令。日常生活中也会发生类似的事。大家都知道，某些人具有在特定时刻从睡梦中苏醒的能力。这种自然醒其实是无意识的计时导致的，而计时又是一种自我暗示的结果。

但有时催眠会对被催眠者的身体造成不利的影响。有些人体验一次催眠之后，就出现了睡眠质量差和头痛等症状；不过这些症状也确实可以通过暗示治愈，有时还会自动消失。但还有些人反复接受催眠治疗，结果产生了太强的易感性。有位军官就是因为反复被催眠，看到一切明亮的物体（比如行进中的马车里的灯）都会直接睡着，害得有一回差点儿没被马踩死。总之，只有经验丰富的医生才能采用催眠手段，且任何催眠治疗都一定要有旁人监督，防止出现滥用催眠术的情况。

4. 催眠的好处

催眠在某些情况下却又是有益的。长期以来，医生都把催眠用作治疗手段。由于催眠暗示可以帮患者消除痛觉，对于患有不治之症和濒临死亡的病人，也可以用催眠术减轻疼痛，让他们感觉好一点。

催眠对神经疾病的治疗效果特别出色。这样的案例有很多：可以用催眠治疗偏头痛、神经痛、神经衰弱、口吃、舞蹈病、食欲减退、下肢瘫痪、言语障碍、痉挛、神经性窒息等多种神经疾病。催眠暗示还可以让老烟民对烟草产生反感，让酒鬼对伏特加失去兴趣，让赌徒不再沉迷赌博。

初出茅庐的演员、讲师、发言人等害怕面对公众讲话又不得不讲的人，也可以求助于催眠；催眠暗示可以帮他们增加自信。许多医生认为，一些药物的疗效其实是医生无意识地对病人进行暗示的结果。

5. 催眠状态的原理

生理学家很感兴趣的问题是：被催眠者的身体究竟发生了什么变化，

是什么原因让他从有理性的生物变成了一台完全听命于催眠师的机器？然而，这个问题目前还无法解决，因为我们对人类精神活动的生理机制了解得实在太少了。我们对思维的原理一无所知，也就是说，不知道人思考时脑内发生了什么；我们也不清楚意志产生的机制。因此我们没办法解释，为什么在催眠状态下人的意志和思考能力都受到了压抑。一切解释这种压抑现象的尝试都毫无结果。

　　生理学家能做的只是通过比喻或简单的表述来对催眠状态的本质进行简要的界定。我们来看看著名的神经病理学家别赫捷列夫[①]教授是如何定义催眠的。他认为，催眠状态下的外界印象是绕过个体意识直接进入心理范畴的，也就是越过了"我"的这一层；打个比方，印象不是从正门进入心理范畴，而是走了后门，直接进入了我们的"心灵"内室。还有一种观点认为，催眠现象是脑部控制意识和意志的中枢瘫痪的表现，但这种解释并未提供什么有价值的信息。

---

① 弗拉基米尔·米哈伊洛维奇·别赫捷列夫（1857～1927），俄罗斯精神病学家、生理学家、心理学家。

第十部分　感觉器官

1. 人耳钢琴

我们知道，对声音的感觉可以分为两个方面：声音的强度和高度，后者即音调。声音的强度取决于发声体的振动幅度，幅度越大，声波对听觉神经的刺激就越强。声音的高度则取决于发声体每秒振动的次数，振动次数越多，弦抖动得越快，声音就越高。

听觉器官中最重要的部分是内耳，又称迷路。内耳由两个通过管道相连的薄膜囊组成，管道里充满了相当黏稠的液体。这种液体里漂浮着许多细小的碳酸钙颗粒（耳石），在声音的作用下会进入振动状态并刺激听觉神经末梢。从上方的囊延伸出三条管道，它们呈半圆形，所处的平面相互垂直；这三条管道叫作半规管。从下方的囊延伸出一条特殊的管道，像蜗牛壳一样呈螺旋形，因此得名"耳蜗"。这整个膜迷路又藏在骨迷路的内部，就像被塞进套子里一样，于是便有了两个套在一起的迷路。

耳蜗具有区别音调的作用，是听觉器官中负责音乐的部分。其结构是基于声音的以下特性：在房间里放两台钢琴，在其中一台上随便弹出一个音，如第三个八度音的 Re，另一台我们连碰都没碰到，它的琴弦却也会开始震动，甚至是发出相同高度的音（也就是第三个八度音的 Re）。骨质耳蜗的内部被两道隔膜分成三段管道。其中一道隔膜叫作基底膜，是由像琴弦一样紧绷着并与耳蜗走向垂直的纤维组成的。耳蜗的基部较宽，越往底部越窄，因此这些纤维也变得越来越短。这就形成了一个类似钢琴弦或竖琴弦的系统。每根纤维都连接着一束特殊的听觉神经，能把刺激传导给大脑，大脑便将这种刺激感受为特定音调的声音。例如，我们在钢琴上弹出了第三个八度音的 Re，耳蜗的基底膜便开始振动，但只有对应着这个音调的那条特定纤维才会振动。

　　大部分人的耳朵能辨别的最低的音，是每秒振动 40 次的发声体发出的，最高的音则是每秒振动 16000 次。但也有些人能听到约 20000 次 / 秒的振动发出的声音，甚至是 40000 次 / 秒的高音。如果物体振动得太慢，就会给人以噪声或低沉的嗡嗡声的感觉。超过 40000 次 / 秒的振动人是完全听不到的，但有的动物能听到，比如说狗。

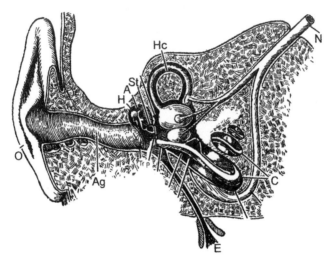

图 42　人的听觉器官：O—耳蜗；Ag—外耳道；Tr—鼓膜；H—锤骨；A—砧骨；St—镫骨；P—鼓室；E—咽鼓管开口；Hc—迷路半规管；N—听觉神经。

　　我们的乐器能发出的声音通常仅在 7 ～ 8 个八度音的界限内，每个八度音由 7 个调组成，但我们的耳朵不仅能区别半音，甚至能听出一个调的 1/128，也就是说，8 个八度音的范围内约有 7000 个不同高度的音。据此可以得出结论，耳蜗的基底膜至少应有 7000 根独立的纤维。事实上它们的数量还要多于辨别 7000 个音所需的数量；这个数字通常在 25000 以内，但也有多达 60000 的情况。由此可见，我们的耳朵接收多种声音的潜力还有待开发，因此可以通过练习培养出更精细的辨音力。

2. 我们是怎么辨别音色的?

用两种不同的乐器，比如长笛和小提琴也能发出相同高度的音，但我们的耳朵很容易区分长笛和小提琴的音，因为这两种乐器各有各的特点，也就是所谓音色。这种特点是由于乐器的基音中还加入了其各个部分发出的附带的音。当小提琴的琴弦振动发声时，它的外壳也开始振动并发出自己的声音。正是这些附加的音赋予了基音某种特点或音色。它们比基音弱得多，但音调更高，因此称为泛音。由于这个缘故，乐器发出的声音只是听上去简单，实际上却是各种不同音调的大杂烩，可以说是一场音乐会了。耳蜗里有25000多条纤维，分别适应不同的音调，因此所有的附加音或泛音都能在耳蜗中找到特定的纤维，这也就不足为怪了；纤维开始振动，在大脑中产生声音，而这个附加音与基音结合在一起，就赋予了它特殊的音色。

3. 声音会不会让耳朵害病?

妈妈管教孩子时常说："你们吵得我耳朵疼。"我们觉得这话夸张了，就像"忙得脑袋要炸了"也被认为是一种夸张。脑袋倒不会忙得爆炸，但耳朵长期暴露在尖厉的声音下确实可能害病[①]，甚至会病得很厉害。人们曾通过豚鼠实验证实了这个道理。让豚鼠暴露在不同音调的汽笛声中，随后将其宰杀并解剖耳朵，在显微镜下发现耳朵里出现了以下的损伤。如前所述，耳蜗管被两道隔膜分成三段管道。其中一道称为基底膜的，是由类似

---

① 在俄语中，болеть 一词兼有"疼痛"和"生病"的意思。

乐器的弦的纤维组成的。这些纤维发源于一种小柱，靠近小柱的是接收声音的神经末梢。这种小柱叫作柯蒂氏器。豚鼠耳朵里的柯蒂氏器受到了破坏，但并不是整个都坏掉了，而是在特定的部位出现损害，据认为正是那些对应着汽笛音调的纤维生长的位置。柯蒂氏器的一些细胞几乎彻底损坏了，此外还观察到靠近耳蜗的神经纤维及其细胞发生了蜕变。

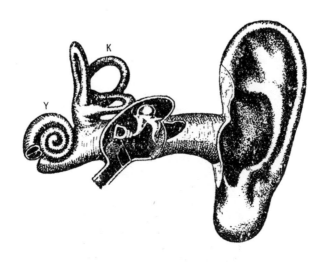

图 43　迷路的结构：Y—耳蜗；K—半规管。

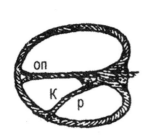

图 44　耳蜗的横截面：P—前庭膜（赖斯纳氏膜），ОП—基底膜；K—柯蒂氏器。

图 45　耳蜗末端的纵截面，可以看见基底膜的纤维。

4. 为什么仔细倾听时会咽口水？

外耳道的末端是所谓"鼓膜"，鼓膜像电话里的膜片一样，会在声音的作用下振动。这种振动通过三块骨头（"锤骨""砧骨"和"镫骨"）传到迷路，在迷路的液体中引发波浪，再通过特殊的耳石刺激听觉神经。上述三块骨头长在鼓膜内侧一个相当大的腔室里，也就是所谓"鼓室"或中耳。这个腔室充满了空气，通过一条叫作咽鼓管的宽管与口腔连通。

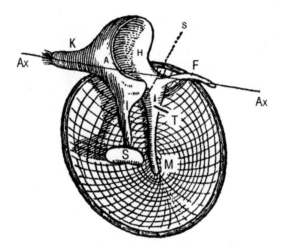

图 46　鼓膜。左耳的三块听骨（K，S，M）。从鼓室一侧往外看的样子。

要让鼓膜以最理想的方式振动，就必须让其两侧的气压保持平衡。如果鼓室里的气压比大气压大，鼓膜的振动就不够强烈。而咽鼓管恰好能起到保持气压平衡的作用，因为它将鼓室与口腔和外界连通。但这个管道平时大多是封闭的，只有在特定的情况下——比如说吞咽时才会打开。因此，人在仔细倾听时会不由自主地咽口水，用这种方式维持外界气压和鼓室内气压的平衡。

5. 为什么听到巨大的声音时要张开嘴?

声音以波的形式在空气中传播,而强音波会做大量的机械功。众所周知,开炮的声音能把玻璃震得碎片飞溅。这种声音甚至能穿透耳朵的鼓膜,因此炮兵在开炮前会用棉花堵住耳朵,而敲钟人在敲响大钟时会张开嘴巴。当嘴巴打开时,声波除了外侧的作用还会通过咽鼓管冲击鼓膜的内表面,这种冲击在一定程度上平衡了对鼓膜外表面的压力。

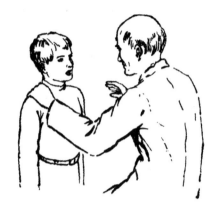

图 47　仔细倾听时常会张开嘴。

6. 声音的方向

猫被人呼唤时会把耳朵转向呼唤声传来的方向。很明显,外耳(耳郭)是用来捕捉声波的。猫把耳朵转向某个方向,便能轻易确定声音的来向,因为那个方向的声音听得最清楚。人的耳郭已经失去了运动的能力(只有少数人的还能稍微动一动),但它确定声音方向的作用完整地保留了下来。用蜡或油灰封住两个耳郭,但保留耳孔的开口,听力的精细度完全无损,却会失去判断声音来向的能力。要是人的一只耳朵完全听不见了,这种能力便会受到削弱;可见这种能力正常发挥显然是需要两只耳朵一起用的。如果声音从人的正前方传来,便会令双耳产生相同的感觉。从正后方传来的情况也是如此,但在这种情况下,声波进入耳孔是走的另一条路,因为它冲击了耳郭的后侧，导致听到的声音略有不同，而这种细微差异能被耳朵很好地辨别出来。如果声音从侧面传向人的头部，它就会让同一侧的耳朵产生更强烈的感觉。人正是根据这些感觉的差异来判断声音的来向的。但总的来说，人的这种能力非常不发达，这也就是腹语术表演能取得成功的原因。

然而，耳郭本身也能传递声音。我们知道，固体传导声音的能力比空气强，因此被骑手追击的人会把耳朵贴着地面倾听，判断追兵的情况。耳郭是一层包着皮肤的软骨，而软骨具有很强的弹性，能很好地传递声波的振动。下面的实验可以证明耳郭不需要鼓膜也能传递声音：敲响一把音叉并把它靠近耳朵，可以听到音叉的声音逐渐减弱。等声音完全听不到后，把音叉的柄贴在耳郭上，你又能听到原来的声音了。

7. 能不能听到不存在的声音？

听觉神经和其他感觉器官的神经一样，不论我们用什么东西刺激它，都只能产生声音的感觉。即使用电流或触碰去刺激，也只能产生声音的感觉。因此在某些情况下，耳朵能听到实际上并不存在的声音。如果一只小虫钻进耳朵碰到鼓膜，便会产生极其厉害的噼啪声。耳朵的某些部分发炎或长了肿瘤，会导致迷路受到压迫，产生噪声的感觉。肿瘤也可能压迫听骨，听骨又压迫鼓膜，这又会在耳朵里产生噪声。神经系统和血液循环的某些毛病也会导致耳鸣，老人的耳朵常常会听到噪声。有时这些虚假的声音会发展到幻听的地步：觉得有人在叫自己的名字，或是在哭，或是在笑；这些幻听表明神经系统出了严重的问题。

人老了，鼓膜的弹性会下降，听力就变差了。但即使鼓膜破损了，贴着鼓膜的两块听骨也不见了，听力也不至于完全丧失，只是变弱了而已。

而要是缺了第三块听骨——封住骨迷路开口的镫骨，人就会彻底失聪。全聋也有天生的，且原因有很多。先天失聪的孩子听不到声音，也就学不会说话，便成了聋哑人。

8. 平衡感

如前所述，迷路的上半部分有三个半规管。其中一个半规管所处的平面是垂直的，并平行于身体所在平面，另一个所处的平面也是垂直的，又正交于身体所在平面，第三个所处的平面是水平的，正交于前两个平面。动物实验表明，尽管半规管是听觉器官的组成部分，在听觉的感受中却没有半点作用。这是一种功能极为特殊的器官，负责管理平衡感。人和动物靠着半规管感受身体位置相对于重力方向是否正常。如果破坏鸽子的两个垂直方向上的半规管，它就会开始前后摇摆。它感觉不到身体在这两个平面上的位置错乱。如果破坏第一个垂直方向上和水平方向上的半规管，它就会左右摇摆。要是人的半规管被破坏了，哪怕是只有一个方向，他也会

图48 鸽子半规管受损的后果。切除右迷路后5天的状态。

图49 没有迷路的鸽子（一点点重量就会把脑袋往后拉）

失去平衡感：他无法独力站立，还会一直觉得头晕。我们都知道，原地旋转很长时间就会进入类似半规管受损的状态。人头晕目眩，站立不稳，甚至会跌倒在地。这是由于原地旋转时半规管中的液体会发生错位，导致其正常运作的功能受损。

图50　鸽子半规管受损的后果。切除右迷路后20天的状态。转头的动作增强了。

9. 眼睛是相机

　　人们常说眼睛像相机，但眼睛出现的时间可比相机早，所以最好还是说相机像眼睛。与相机不同，眼睛只有球形一种形状。构成眼睛的有三层膜，最里面的一层叫作视网膜，是由分裂的视觉神经组成的。这一层的构造非常复杂，分为许多小层，其中有一个所谓"色素上皮"，作用是容纳感受光线的细胞，即感光细胞。这些细胞由一种叫作视紫红质的红色物质构成。视紫红质就像底片的成分，在光照下会分解并褪色。已知视网膜上会产生人看的物体的图像，这个图像的亮处对应的视紫红质分解得更多，暗处对应的分解得更少。这样一来，视紫红质层上就出现了一个负像，和底片的情况类似。然而这个图像持续的时间不长，约1/7秒后就会消失。视紫红质用完了，色素上皮就会制造出一层新的来补充，由此可见，尽管我们觉得视觉是连续不断的，但它其实和电影一样，是由许许多多快速更替的独立视觉感受所形成的。

眼睛里的负像和底片上的图像一样，都可以被固定下来，等光不再发生作用了，这个图像就变成固定的了。为了证明这一点，需要把动物的眼睛泡在4%的明矾溶液里。过会儿再把眼睛暴露在光照下，并把它的后面清理干净，就能看到眼睛里有动物最后一刻看到的物体的图像。这个图像可以放大并做成一张真正的照片。眼睛里起到相机玻璃作用的是一个透明的扁豆状结构，叫作晶状体。图51是解剖学研究所用狗的眼睛"拍摄"的照片。

10. 盲点和黄斑

视网膜上有一个位置，光无法产生任何作用，所以那里看不到任何东西。这个盲点位于视觉神经进入眼睛的位置。

视网膜上离盲点不远的地方还有一个小坑，叫作黄斑。这个小坑是视

图51　用狗的眼睛"拍摄"的照片

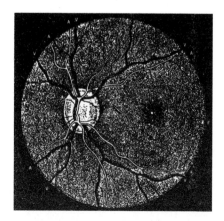

图52　借助检眼镜拍摄的左眼后壁。

觉最强的位置。当人仔细观察一个物体比如说读书时，他会调整眼睛的位置，使得观察的物体的图像恰好落在黄斑上。视网膜上有两种神经细胞，一种叫视杆细胞，另一种叫视锥细胞，都是按形状命名的。黄斑上没有视杆细胞，只有视锥细胞，但这些细胞的排列比视网膜上的其他位置都要紧密得多；这也就是黄斑视觉更强的原因。

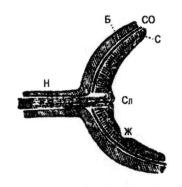

图 53 眼睛后部的截面图：H—视觉神经，进入眼睛后以其分支形成了视网膜；Б—巩膜；CO—为眼睛提供养分的脉络膜；C—视网膜；Cл—盲点；Ж—黄斑。该图仅为近似的示意图。

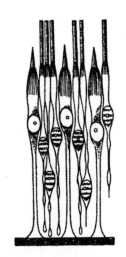

图 54 视网膜的视杆细胞和视锥细胞。

11. 眼睛对距离的适应

摄影师拍照时会设置好相机的位置，使得拍摄物的图像恰好落在底片上。为此他或是移动整台相机，或只是前后拉动相机的后壁，根据相机与拍摄物之间的距离进行调整。眼睛的情况也完全一样，要看清楚就得让观察对象的图像恰好落在视网膜上。物体在眼睛里的图像取决于物体的距离，因此眼睛必须具备适应不同距离的能力。这一点可以用下面的方法证明。

图 55　证明眼睛具有适应距离的能力的实验。

伸直一边的手臂，举起手指，使它位于眼睛前方一臂远的位置，另一只手拿一块透光的材料（比如薄纱）隔在上述手指和眼睛之间。如果你凝神细看这块薄纱，手指就看不清楚了；反过来，如果你看着手指，薄纱就变得模糊不清了。但眼睛与相机不同，它适应距离靠的不是改变视网膜的位置，而是改变晶状体的曲率。晶状体变平，图像就远离；晶状体变凸，图像就靠近。

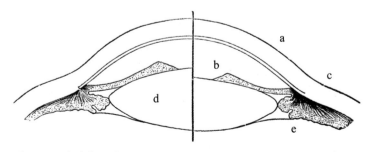

图 56　眼睛前部的截面图。该图的左半部分表现了观察近处物体时弯曲程度较高的晶状体，右半部分表现了观察远处物体时弯曲程度较低的晶状体。a—角膜；b—虹膜，其中央是瞳孔；c—巩膜；d—晶状体；e—改变晶状体曲率的睫状肌。

12."眼冒金星"是怎么回事?

所有感觉器官的神经都具有一种奇妙的性质:不管用什么方式刺激,都只能产生一种特定类型的感觉。视觉神经可以用电流刺激,结果产生的还是光的感觉;可以用机械方式刺激,例如触碰,但产生的并不是触觉,而是光的感觉。

如果脑门狠狠地撞在墙上,视觉神经便会受到震荡,而这种震荡会引起光的感觉,于是人就"眼冒金星"了。

13.怎么才能看到晶状体曲率的变化?

请一个朋友坐在桌旁,在他眼睛前方略往侧面一点的地方放一支点亮的蜡烛,你自己从另一个方向观察他的眼睛;然后请他看远处的某个物体。你会看见,他的眼睛里映出的蜡烛火光有三个镜像。第一面"凸透镜"是角膜,也就是眼睛的表面;上面的图像又直接又清楚。第二面"镜子"是晶状体前端的凸面,上面的图像也是直接形成的,但清晰度较差,且比较大。第三面"镜子"是晶状体后端的凹面,那里形成的是倒立的镜像,火焰的尖端朝下,整个图像是缩小的,但相当清晰。

现在再请朋友看近处的某个物体。你会发现,眼睛表面映出的图像和晶状体后端表面映出的图像位置和大小都没有发生变化。也就是说,这两个表面的曲率并未改变。而中间的图像(晶状体前端表面映出的图像)略微往前移了点,而且还变小了。这说明晶状体的前端表面变得更凸了,曲率半径变小,凸出度增加,使得这个表面略微前移。实际上晶状体后端表面也变凸了,但变化幅度极小,几乎看不出来。晶状体前端表面的曲率半径最多能缩小 4 毫米，也就是说，原本 10 毫米的半径可以缩小到 6 毫米；而晶状体后端表面的曲率半径最多只能缩小 0.5 毫米。

图 57　观察远处物体的眼睛里的蜡烛图像。

图 58　观察近处物体的眼睛里的蜡烛图像。只有中间的图像的大小和位置发生了变化。

14. 近视和远视

为了能清楚地看到东西，就得让物体的图像恰好落在视网膜也就是眼睛后壁的内表面上。设想图像刚好形成在恰当的位置。这时观察物远离了眼睛；图像就不在视网膜上了，而是靠近了晶状体，那么物体的每个点落到视网膜上时都变成了一个小圈，视觉就变得不清楚了。如果眼睛已经适应了距离，物体却靠近了眼睛，情况也是类似；图像会落到视网膜的后面，视觉又变得不清楚了。

为了让图像恰好落在底片上，摄影师会前后拉动相机的后壁；人眼的后壁无法移动，但眼睛还有另一种办法来调整图像的位置。这种办法就是：让起到相机镜头作用的晶状体改变自己的曲率。如果图像落在视网膜后方，晶状体就变凸；如果落在晶状体和视网膜之间，晶状体就变平。

平行光线（也就是远处物体发出的光线）在正常的眼睛里会在视网膜上汇聚，因此正常的眼睛在放松的状态下能适应观看远处物体的需要。如果物体靠近了或眼睛要适应近距离了，眼睛就会紧绷起来，使得物体的图像远离。如果远处物体发出的平行光线并没有汇聚在视网膜上，而是在视网膜前方更靠近晶状体的位置，这种情况就叫作近视。近视眼的晶状体无法变得足够平，也就不能让远处物体的图像落在视网膜上，因此它看不见或看不清远处的物体，却能清楚地看见近处的物体。如果远处物体发出的平行光线汇聚在视网膜的后方，这种情况就叫作远视。远视眼的晶状体能够增加曲率，让远处物体的图像落在视网膜上，但前提是这个物体处于相当远的位置。如果物体离眼睛很近，晶状体便无法充分增加曲率，图像也落不到视网膜上。因此远视眼看不见或看不清近处的物体。人老了，晶状体会丧失变得足够凸出的能力，也就常会成为远视眼。

近视通常是由眼球的形状引起的。如果眼球太深，或者说晶状体到视

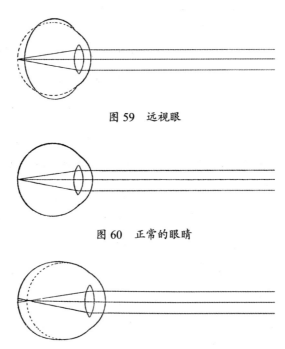

图 59　远视眼

图 60　正常的眼睛

图 61　近视眼

网膜的距离太大，平行光就会落在靠近晶状体的位置。还有一个比较少见的原因是晶状体的折射能力太强，导致光线在眼中汇聚的位置离晶状体太近。近视患者眼中的物体图像离晶状体太近，而要看清楚又得把这个图像往后移，因此他们需要佩戴近视眼镜；这种眼镜用的是边缘厚、中间薄的镜片，能散射光线。远视患者眼中的物体图像离晶状体太远，他们要佩戴的是远视眼镜，这种眼镜的镜片能汇聚光线（边缘薄、中间厚），所以能把图像拉近。

15. 视觉的敏锐程度

前面已经说过，视网膜上有一层视杆细胞和视锥细胞，也就是接收光的刺激的视觉神经末梢。视锥细胞排列得越紧密，视觉就越敏锐，分辨物体细微部分的能力就越强。为了区别物体上的两个不同的点，必须让每个点的图像都落在一个专门的视锥细胞上，并且两个视锥细胞之间还有一个未被占用的视锥细胞。如果物体上两个点的图像落在同一个视锥细胞或两个紧密相邻的视锥细胞上，眼睛就无法把它们区别开来，它们便合二为一了。两个点的图像之间的距离取决于物体到眼睛的距离，以及两个点在物体上的距离。随着物体逐渐远离，它在视网膜上的图像也变得越来越小。眼睛区分两个点还需要一个条件，那就是两点到眼睛的连线形成的角度不能少于 60 ～ 70 秒 [①]：要是比这个角度还小，两个点就会融成一个点。在 60 秒的角度下，两点在眼中的图像之间的距离仅有约 0.002 毫米。由此可见物体的图像能有多小，而眼睛还是能把它们区别开来。

①　角度单位，1 秒 = 1/3600 度。

16. 眉毛和睫毛有什么用处？

眉毛和睫毛是眼睛的保护器官。眉毛能防止汗水流进眼睛，把流下的汗水导向太阳穴，这就有点像房子的排水管。而睫毛的作用还要更大。人在街上走路，一阵风朝他脸上直吹过去，他便眯起眼睛，上睫毛与下睫毛交织在一起，形成一道独特的"围栏"把眼睛围住。只要尘土碰到了睫毛，哪怕只碰到了一根，也会被眼睑感觉到并令其闭合：睫毛向眼睛发出警告，提醒它有受伤的危险，眼睛便采取措施，让眼睑闭合。此外，上睫毛还有为眼睛遮光的作用，就像一扇屏风一样。

17. 眼睛是怎么确定距离的？

我们总能目测物体与自己之间的距离，为此眼睛采用了各种方法。眼睛通过改变晶状体的曲率来适应距离：观察近处的物体时，晶状体变凸；观察远处的物体时，晶状体变平。而晶状体曲率的变化是通过附在晶状体囊状部分的一种环形肌肉（也就是所谓"睫状肌"）的收缩来实现的。人正是通过这种肌肉的紧张程度来判断物体距离的，尽管他自己并不能意识到这一点。为了看到很近的物体，人必须使双眼对准这个物体，此时睫状肌收缩带动了眼睛，我们便能根据其紧张程度来判断物体的距离。

上述方法只有在物体距离不远时才有效。在观察非常远的物体时，眼睛就不需要移动了，而适应了远眺的睫状肌在看更远的物体时也保持不动。在这种情况下，距离是通过间接的方式来判断的。如果人本来就知道观察物的大小，比如说他看到远处有匹马，那么他可以通过看到的大小来判断距离。马的图像越小，距离就越远。而要是物体的大小并不清楚，人就通过看得是否清楚来判断距离。空气并不是绝对透明的，因此极远的物体在我们看来仿佛笼罩在雾里。我们看得越不清楚，就觉得物体越远。然而，空气在不同地点的透明程度是不同的，所以靠视觉的清晰度来判断距离往往会出错。山上的空气很清新，即使是很远的物体我们也会觉得很近。有时山仿佛近在眼前，让旅行者不禁想上山玩一玩，其实到那里还得步行好几天。起大雾时，所有物体在我们眼中都成了庞然大物：一丛小灌木成了一棵大树，一只小猫咪成了一头母牛，如此等等。这是由于我们误以为看不清楚的原因是距离太远，而不是雾气的干扰；同时物体在眼中的图像又很大（因为它实际上就在近处），而远处的物体必须足够大才能产生大的图像，所以我们就觉得它很庞大了。

眼睛判断距离时还会犯别的错误。颜色鲜艳的物体看上去比暗色的物体近；大的物体看上去比小的近；平地上的物体看上去比起伏或多山地面的物体近；山上的物体看上去比山脚下的物体近；物体与周围环境的颜色差别越大，看上去就越近，因为光亮的物体看上去比阴影中的物体近。

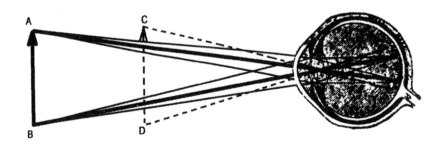

图 62 物体在眼睛中的图像大小因距离变化而不同。

18. 为什么哭泣时会流鼻涕?

人的泪腺位于上眼皮内靠近外眼角的位置，泪水就是从那里通过眼皮的运动被抹到整个眼球上的；因此人没法不眨眼。眼睛的表面需要时刻保持湿润，如果我们努力忍着不眨眼，它就会开始干燥翘曲。这会产生疼痛感，引发眨眼的反射。眨眼时眼皮会让眼泪均匀地分布到整个眼球上。由此可见，眼泪并不只是哭泣时会流，而是一直都在分泌。哭泣时会分泌大量眼泪，除了眼皮外还会流入内眼角，那里有一个所谓"泪湖"；这是一个漏斗状的结构，里面有一条管道通向鼻腔，叫做鼻泪管。眼泪沿着这条管道流进鼻子，所以人会哭得"一把鼻涕一把泪"。

19. 我们什么时候能看见紫外线?

众所周知，光谱的紫色光部分以外是我们的眼睛看不见的紫外线，这种光线能对底片产生作用。实验表明，蚂蚁能辨别出紫外线，人类却不行。然而，我们的眼睛之所以看不到紫外线，是因为紫外线都被晶状体拦截了，无法到达视网膜。对于患有某些眼病的病人，医生不得不为他摘除晶状体，结果失去了晶状体的眼睛反而能很清楚地辨别出紫外线。

20. 眼睛对光疲劳

我们知道，白光是由光谱上7种颜色的光混合而成的。如果把这7种颜色分为两组，再把每组里的颜色混在一起，我们便称形成的两种颜色为互补色，因为它们合起来能产生白色。例如，特定色调的红色和绿色就是互补色。

凝神注视一个红色物体，5分钟后迅速把眼睛转向一面白墙，你会看见白墙上有一个绿色光斑，形状就像红色物体的轮廓。这是由于长时间注视红色物体的眼睛对红光产生了疲劳，随后看向白墙时，白墙反射给眼睛的既有红光又有绿光；眼睛对红光疲劳，因此辨别红光的能力变弱了，而对绿光并不疲劳；这也就是为什么眼睛在红绿两种互补色中更清楚地辨别出了绿色。

21. 色盲

有些人无法分辨特定的颜色，这种视觉缺陷叫做"色盲"。视网膜上有一类负责颜色感知的细胞叫做"视锥细胞"。视锥细胞有三种类型，每种类型对不同波长的光敏感，分别对应红色、绿色和蓝色。这些细胞通过对不同波长光的反应，帮助我们区分各种颜色。尽管如此，目前我们对色盲的成因尚未完全阐明。

铁路工作人员需要用红色和绿色的旗子发信号，对他们而言，色盲是一种非常严重的缺陷；因此招聘铁路员工时要先测试应聘者的辨色力。这类测试表明，色盲是一种相当普遍的缺陷，且在男性中远比女性中常见。

人们发现，如果色盲患者感受不到某种颜色，他的眼睛对其互补色的感受力会增强。举个例子，如果眼睛辨别不出红色，它就会对绿色特别敏感，能区分出特别细微的绿色色调。

22. 为什么玫瑰是玫瑰味儿，洋葱是洋葱味儿？

每种感觉都可以分为两个方面：感觉的强度和感觉的性质。例如，视觉的性质反映在颜色中，而强度反映在亮度中。嗅觉的情况也正是如此，气味除了强度之外，还能分为各种不同的性质：玫瑰是玫瑰味儿，洋葱是洋葱味儿。我们对不同颜色和不同音调的产生原因都了解得很清楚，但到了嗅觉这块就一无所知了。曾有一种推测认为，不同的气味取决于散发气味的物体放出的微粒的不同形状，这些微粒从空气进入鼻子，落在嗅觉神经末梢上，刺激嗅觉神经并引发某种气味的感觉。但目前看来这种推测并不准确。然而还没有人见过这些微粒，所以它们的形状也就无人知晓。在视觉中，我们可以区分出简单色和复杂色。白色可以分解为光谱上的七种颜色，这七种颜色可以认为是简单色；这些颜色混合起来就产生了不同的颜色和色调。所有气味都是复杂的，只是复杂程度不同，但我们还不清楚它们是由哪些简单气味组合而成的。能认定为简单气味的气味也还没有找到，因此不存在哪种气味能脱离散发出该气味的物体而独立命名。所有气味的名称都来源于散发气味的物体的名称，我们据此区分出玫瑰味儿、紫罗兰味儿、新鲜的干草味儿、汗味儿等。只有香水的气味具有各种不同的名称，但这些命名都是人为的、约定俗成的。

23. 鼻子的疲劳

眼睛看太久会疲劳，耳朵听太久会疲劳，鼻子闻太久也可能会疲劳。一开始闻到的气味最强烈，但很快就疲劳了；对气味的感觉逐渐减弱，最后可能会完全消失，尽管引发嗅觉的原因还在那儿没有变。嗅觉器官的疲劳速度很快，因此人可以不知不觉地适应非常恶臭的环境。尽管嗅觉疲劳得很快，但它却是一种到老也几乎不会衰退的感觉。人老了会眼花耳背，而鼻子还照常工作。有些老人的嗅觉甚至会有所增强。

鼻子能在对某种特定气味疲劳的同时清楚地分辨出其他的气味。例如，对花香疲劳的鼻子能一下子就清楚地闻出不新鲜的肉味儿。稍事休息之后，鼻子就能从疲劳中恢复过来。

正如有些人分辨不出某些颜色，有些人的鼻子也辨别不出某些气味。他们能清楚地闻到臭味儿，却感觉不到花香或香水的味道，或者反过来，怡人的香气完全可以闻到，令人反胃的恶臭却感觉不出来。眼睛无法辨别某些颜色的病症叫作"色盲"，因此我们也可以把鼻子无法辨别某些气味的病症叫作"味盲"。

味盲患者的存在使人不禁猜想，鼻腔中存在各种各样的嗅觉神经末梢；有些末梢只能接收特定的一类气味，有些末梢只会受到某些物体散发的微粒的刺激，其他物体散发的微粒却丝毫不起作用，还有些末端只能接受一些独特的气味，如此等等。如果人有一类神经末梢发育不完善，他就闻不出会作用于这些末梢的气味。这就是为什么鼻子对一种气味疲劳的同时还能感觉到别的气味。

鼻腔两侧各有一片弯曲的软骨，其弯曲的形状就像麻花点心。这些软骨叫作"鼻甲"，它们将鼻腔两侧各分为三部分：上鼻道、中鼻道和下鼻道。负责产生嗅觉的只有上鼻道，中鼻道和下鼻道是用来让呼吸时的空气进入肺部的。为了感觉气味，就必须用鼻子深吸一口气，使得空气进入上鼻道；此外，只有空气沿着鼻腔运动时才会产生嗅觉。只要屏住呼吸，嗅觉就立刻消失了。这说明带气味的微粒只有在运动时才能刺激神经末梢。我们从肺里呼出的空气无疑也含有带气味的微粒，特别是肺病患者身上，但我们自己却感觉不到气味，这是因为从鼻子呼出的空气只经过中鼻道和下鼻道（嗅觉感受器位于鼻腔的最上端，而呼气时的

图 63　鼻腔的横截面：鼻中隔、上鼻道（嗅鼻道）、中鼻道和下鼻道。

气流较难接触到这些感受器），那里并没有嗅觉神经末梢。

24. 嗅觉的怪癖

有些人会受到特定食物的不良影响。例如，有人受不了虾，有人吃草莓会起疹子，有时甚至会引发真正的身体不适。人对某些食物的特殊反应叫作特异体质。嗅觉方面有时也能观察到类似的特异体质。对正常人来说很好闻的气味，某些人却根本无法忍受。例如，有人觉得苹果和草莓的气味非常恶心。他们的鼻子对这些气味特别敏感，甚至在别人都没闻到的时候也能闻出来。这种对特定气味敏感的现象通常发生在神经系统有毛病的人身上，大多是歇斯底里患者。在视觉和听觉方面，有些人身上存在所谓"幻觉"，也就是人看到某个根本不存在或不处于当前位置的物体；有时人会听到人声之类的不存在的声音。这种幻觉在嗅觉方面也有：人可能会觉得自己闻到了什么味儿，实际上并没有这种气味，甚至根本就不可能有。

25. 为什么糖是甜的，盐是咸的？

这个问题和"玫瑰为什么是玫瑰味儿"一样，目前我们还无法给出完全满意的答案。物体的味道并不取决于其物理性质或化学组成。化学组成和物理性质都截然不同的物质也常有相同的味道，如糖、甘油、铅盐、氯仿等许多物质都带有甜味。另外，化学组成相似的物质有时也会有很不同的味道，比如糖和淀粉就是如此。

要让食物引起味觉，就必须让食物微粒溶解在唾液里。只有液态物质或溶液能通过舌头上的乳突表皮得到吸收，并刺激味蕾的味觉神经。无法溶解的物质不会引起任何味觉，但也不是所有液体或溶液都能引起味觉

（只有那些能够与特定味觉受体结合的化学物质才能引发味觉）。

我们知道，味觉器官并不是舌头本身，而是长在舌头表面的一种特殊的乳突。舌乳突可以分为四种：

① 丝状乳突，形状像一条短短的丝线；这种乳突密密麻麻地分布在舌头表面，让它看上去就像一张天鹅绒。丝状乳突无法感受味觉，但具有非常精细的触觉。由于味觉中也包括了食物引起的触觉，因此丝状乳突在味觉中也有一定的作用，有时甚至是很大的作用。

② 菌状乳突，形状像一朵小蘑菇；它们长在靠近舌根的位置，散布在丝状乳突之间。

③ 轮廓乳突非常肥厚。每个轮廓乳突周围都环绕着一条沟，再往外是一道堤。这种乳突数量不多，不超过 12 个，某些哺乳动物身上只有两个。

④ 叶状乳突，形状像一片叶子，长在舌根附近的舌头边缘部分。

后三种乳突负责接收味觉，与味觉神经分支相连。

基本的味觉通常只分为四种：苦，甜，咸，酸。还有人把碱味和金属味也算进去。各种不同的味道都取决于这些基本味道的组合，还取决于纯粹的味觉之外混入的嗅觉和触觉。我们知道，人感冒时嗅觉会下降，食物吃着也就不那么可口了。涩味、面粉味、辣味、酸辣味等味道取决于食物引发的触觉。有时食物的味道完全是由于触觉。许多人觉得牡蛎是一道美味，但他们吃牡蛎都是囫囵吞的，并不咀嚼，因此牡蛎除了海水的咸味之外其实什么味道都没有，不过它们黏滑的身体经过喉咙时会引发触觉，爱吃牡蛎的人最喜欢的正是这种感觉。很多人爱吃脆骨也是由于这个缘故。

每个味蕾中包含多种味觉感受器，这些感受器能够识别四种基本味道：甜、咸、酸、苦。这些味觉感受器分布在整个舌头上，而不是集中在特定区域。因此，舌头的不同区域都能感受到各种基本味道，只是敏感度可能略有不同。有的很快，有的很慢。把一块美味的食物放在舌头上，味觉并不会立刻产生，而是过一会儿才会产生。舌头最先感觉到的是接触，也就是触觉，然后才是味觉。舌尖最快感受到的是咸味，然后是甜味，再然后是酸味，最后才是苦味。而在舌根部位，最快传达给我们的意识的却是苦味，然后是咸味，最后才是甜味。但目前这一说法有待进一步实验验证。

舌头对不同味道的敏感程度差异很大。它对苦味最敏感，对甜味最不敏感。把一份奎宁①用水稀释33000倍，舌头仍然能感觉到苦味，硫酸稀释10000倍还可以让舌头感觉到甜味，而糖最多只能稀释90倍，否则就没有味道了。

有趣的是，视觉有时也能帮助舌头辨别不同味道。每个人都能区分红葡萄酒和白葡萄酒的味道，但要是身处黑暗之中，就连最老练的品酒师也可能把红葡萄酒误当成白葡萄酒。

26. 舌头的怪癖

味觉不仅能由食物或饮料引起，还能通过许多其他方法产生。研究表明，通过不同的电流和温度刺激，确实可以模拟出一些基本的味觉，如酸、甜、苦、咸。

舌头习惯的温度是它在口腔里的温度。因此，如果舌头受到不习惯的温度影响，它就会拒绝正常工作。把舌头贴在碎冰上，只需短短一分钟，它就会暂时失去感受甜味的能力。有些疾病会使味觉变得迟钝。热病患者的舌头长苔发白，他的味觉几乎丧失殆尽。神经系统失调乃至怀孕有时也会抑制味觉。活动舌头会增强味觉，原因是舌头在上腭或两颊的摩擦会加速食物在唾液中的溶解，促使其穿过味觉乳突的表皮抵达味觉神经末梢。

---

① 从南美金鸡纳树的树皮中提取的生物碱，具有强烈的苦味。

我们知道，人津津有味地吃东西时喜欢吧嗒嘴，这种声音正是舌头活动的结果。

把两种不同味道的物质（比如酸味和甜味）混在一起，产生的味道介于二者之间，也就是酸甜味；但是，如果在舌头的半边（左边或右边）放一小块酸味的物质，另外半边放一小块苦味的物质，尽管两种味觉会同时存在，但人可以通过转移注意力的方式加强对其中一种的感受。他开始想象苦味，对苦味的感受就加强；把注意力集中到酸味上，对酸味的感受就更明显。

味觉可以通过锻炼变得更精细。所谓"品酒师"（也就是品鉴酒的味道的专家）能辨别出一般人感受不到的非常细微的酒味差异。一种物质的味道会受到另一种物质的味道的影响。举个例子，嚼一嚼鸢尾花的根，便会感觉之后喝的咖啡和牛奶都变酸了。吃了甜味的东西会糟蹋酒味，吃了奶酪却能让酒风味更佳。这些都是美食家要考虑的问题。

俗话说："百人吃百味。"的确，一个人觉得非常可口的味道，另一个人可能并不喜欢，这种现象在味觉正常的人身上也时有所见。不过，疾病状态常会导致真正的味觉反常。在这方面最有名的要数怀孕的妇女，有的孕妇突然觉得石灰是最好吃的东西了，有的竟开始津津有味地品尝木炭和黏土。

27. 为什么食物必须美味可口？

如果同一种味觉反复多次产生并持续很久，就会让人觉得反感。单一的食物很容易吃腻，变得不再好吃，所以饮食多样化是很有好处的。人对美味食物的要求不应被当作任性挑剔，而是机体的一种需求。煮过头的肉的营养价值几乎没什么损失，却变得不好吃了，连猫狗都不愿意吃这种肉。

可口的味觉能提高消化系统的工作效率，增强唾液和胃液的分泌以及肠道的收缩。当然，人在不得已的时候也可以吃厌恶的食物，这也不至于要他的命，却会导致他的消化能力下降，因为消化液的分泌量减少了。此外，直接的实验还证明可口的食物能提高心率，促进血液向大脑流动，从而增强神经系统的活动。

摄入美味的食物会让人产生满足感，改善他的自我感觉。因此世界各民族都懂得用各种调味来改善食物的味道。这类调味品中包括各种作料：盐、醋、葱、胡椒、芥末、桂叶、石竹、香草等。

然而，过度摄入辛辣的作料（如芥末和胡椒）可能会引发消化器官的各种失调。我们知道，最好的作料其实是"胃口"，也就是无须人为促进而自发产生的吃东西的欲望。体力劳动、清新的空气、欢快的心情和良好的自我感觉都能增进人的胃口。

28. 怎么判断触觉的精细度？

触觉是身体接触某物体时产生的感觉。触觉可以分为两方面：一是触觉器官的敏感度，也就是在多轻的接触下能感受到触觉的能力；二是触觉器官的精细度，也就是辨别出物体表面多小的起伏的能力。每个人都可以在自己身上研究触觉的精细度。

这类研究表明，身体不同部位的触觉精细度相差非常大。把圆规的双脚掰开到最宽并触碰皮肤，我们会感觉到两个针刺感，即每只脚都会引发一个触觉。逐渐减小双脚之间的距离，到了某个程度便会让两个针刺感合二为一，我们会感觉仿佛只有一个针尖在刺皮肤。刚开始感觉到两个针刺时圆规双脚的距离，便是判断触觉的精细度的依据。

用这种办法可以证明，指尖的触觉非常精细。在指尖上，圆规双脚只需相隔 2.2 毫米就能让人分别感到双脚的针刺感，而在手指的背面，圆规的双脚必须掰开到 11 毫米才能产生两个针刺感；手腕背面需要 29 毫米的距离，小臂需要 39 毫米。

背部的触觉更加迟钝，得有 66 毫米的距离才能感觉到两个针刺，大腿和肩部需要 68 毫米。触觉最精细的部位是舌尖，只需把圆规双脚掰开 1.1 毫米，就能产生两个针刺感。

练习可以显著提高触觉的精细度，这一点在盲人身上可以看到。有趣的是，如果通过练习提高了左手某个手指的触觉精细度，那么右手对应的手指的触觉精细度也会提高。这表明练习引发的改变并不是在皮肤的神经末梢上，而是在感受触觉的中心，也就是额叶里面。

29. 皮肤的敏感度

触觉的精细度和触觉的敏感度并不是一回事，后者是皮肤能感受到多轻的物体的接触。本章中的实验都可以在自己身上做，不过在别人身上做更好，也不需要什么设备。按照上述的定义，人体最敏感的皮肤是额头、鼻子和小臂（手肘和手掌之间的手臂）的皮肤。在这些部位，我们能感受到约 0.002 克的物体的触碰，而指尖需要至少 0.1 克的重量来产生触觉，指甲甚至需要整整 1 克。

对提高触觉敏感度特别有帮助的是皮肤上的汗毛。汗毛本身没有任何感觉，但它深植于皮肤中，长在一种特殊的乳突上，乳突上又连接着神经末梢。只要一碰到汗毛，它底下的末端就会产

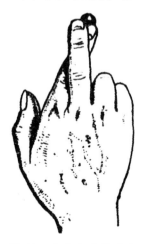

图 64 亚里士多德的实验：用两根手指交叉夹住一个小球，会觉得小球仿佛有两个。

生运动，压迫神经末梢并刺激神经。我们每个人都可以在自己身上观察到汗毛对触觉的作用。拿一根马鬃摩擦没有汗毛的手指的手掌面，皮肤几乎不会产生任何感觉；而要是用马鬃摩擦长着汗毛的部位，如脸颊、额头或手指的手背面，就会产生很明显的甚至是强烈的触碰感。

要产生触觉，必须只让一小块皮肤受到刺激。在皮肤上滴一点水，除了冷热感还会产生触觉，但要是把整个身子泡到水里，就只会有冷热感而没有触觉了，只有位于水面交界的那块皮肤才有触觉。轻的物体放在皮肤上会产生微弱的触觉；物体越重，引发的触觉就越明显，但很重的物体还会引发痛觉。这种痛觉应视为一种危险的信号，提示人必须及时采取措施消除疼痛的原因。

触觉器官和其他感官一样，都可能会犯错。我们通过触觉判断物体的形状，数出与手同时接触的若干细小物体的数量；但是，如果一个物体同时碰到手上的两个位置，而那两个位置在正常的姿势下可以与两个物体同时接触，我们就会觉得手碰到的不是一个物体，而是两个。

在正常的姿势下，我们无法用右手的食指左侧和中指右侧同时接触一个小球（比如豌豆），但只要把手指交叉起来就能做到了。如果用这两根手指交叉夹住一粒豌豆，我们会觉得手指之间好像有两粒豌豆。

30. 冷热感

冷热的感觉通常被归为触觉，但冷热感其实有专门的神经和神经末梢来负责；不仅如此，热感和冷感都有各自的特殊神经。物理学中没有"冷"的概念，只有不同程度的"热"，但人体可以区分热和冷。我们的身体就像一个温度计，上面的零度对应着皮肤的温度。凡是超过这个"零度"并贴到皮肤上的物体，都会引起热的感觉，而低于这个"零度"

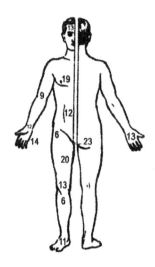

图65 人体皮肤表面的"冷点"。数字表示每平方厘米体表上的冷点数量。

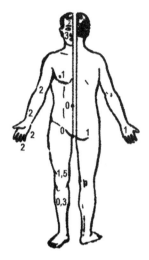

图66 "热点"在人体皮肤表面的分布状况。数字表示每平方厘米体表上的热点数量。

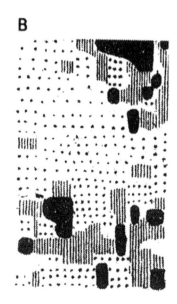

图67 同一块皮肤（大腿前表面）上的冷感（A）和热感（B）的分布图。涂黑的部分是最敏感的位置，加虚线的是敏感程度中等的位置，加点的是最不敏感的位置，白色的是完全没有冷热感的位置。

的物体都会引起冷的感觉，每种感觉都有各自的神经来接受。皮肤上有一些点，不管受到何种刺激，电流也好，触碰也罢，都会产生热的感觉。把冷的物体放到这些点上，产生的也不是冷的感觉，而是热的感觉。同理，也存在一些受刺激时只会产生冷的感觉的点，哪怕用热的物体去刺激也一样。因此前一类点被称为热点，后一类点被称为冷点。很明显，不管热点还是冷点都连接有特殊的神经，仅能引发热感或冷感中的一种感受。

在这方面，这类神经和其他感官的神经很相似，比如说视觉神经。

触觉较强的皮肤，对温度的感觉也较强。对温度最敏感的是舌尖，稍差点的是眼皮和脸颊，但也有些触觉很差的位置的皮肤（如胸部和背部）对温度相当敏感。此外，有些部分的皮肤几乎丧失了触觉，也无法感受到冷，却能很好地感觉到热。人睡觉时把一只手压在身子下面，使得手腕完全麻木了，这只手便会丧失触觉和冷的感觉，却能感受到热的物体的触碰。这种感觉的原因是受到身体压迫的神经丧失了把刺激传递给大脑的能力。在这种情况下，只有触觉神经和冷感神经失去了能力，而热感神经由于位置比较特殊，并没有受到波及。

人体温度计的"零度"远不是稳定不变的——它取决于皮肤的温度。人在热气腾腾的澡堂里待了一会儿，皮肤变热了，那么他走出澡堂时便会感到空气很冷，尽管进澡堂前并没有这种感觉。人生病时的情况也是如此，身体和皮肤的温度上升了，原本会让人觉得热的物体，如今再贴到身体上却会引发冷的感觉。

对温度的敏感程度因人而异，同一个人身上不同部位的皮肤也有所不同。有些部位的皮肤能感受到0.25℃或0.5℃的温度变化，也有些部位连0.75℃的变化都感觉不到。身体越受热，对热觉神经的刺激就越强，对热就越敏感，但这个敏感也是有限度的：要是身体受热过度，它就不再会感到热，而是感到疼痛了。身体受冷过度也会产生痛觉。这种痛觉正是一个警示信号，提醒人要设法消除疼痛的原因。

31. 时间感

人不靠钟表也能确定两件事的时间间隔，但这种内置时钟的性能极其糟糕。我们的时间感是最不发达的感觉，还经常害得人出错。时间感首先取决于人的情绪和度过时间的方式。如果人对某事有所期待，比如在排队，他就会觉得时间极其漫长，明明只过了几分钟，却感觉过了几个小时。如果我们在专心地做有趣的事情，情况就会反过来，明明过了几个小时，却感觉只过了几分钟。时间感还因年龄而异。孩子嫌一年的时间太长，而老人嫌岁月过得太快，就像在邮政列车窗口掠过的一根根电线杆；要是把双方的情况颠倒一下，不管是老人还是孩子大概都会满意了。我们的内置时钟在确定中等的时间段时是最不会出错的；小的时间段会被放大，大的时间段会被缩小。

第十一部分　感受的表达

1. 哭泣的生理学

哭泣是人体对神经紧张的宣泄。这种神经紧张是由生理疼痛或精神苦闷等不愉快的感受引发的。必须将部分兴奋转化为其他形式的肌体活动，以免对身体造成太大的打击。哭泣伴随的一系列动作——深吸气和紧随其后的若干次短暂呼气——就发挥着这种作用。呼气使声带振动，产生哭声。与此同时，面部（尤其是眼部）血管充血，人脸变红，泪腺也由于大量血液涌入而开始加强分泌泪液。哭泣的人会闭上眼睛；这个无意识的动作其实是为了抑制眼部血管扩张。血管扩张导致的过度充血可能会损伤眼部的软组织。眼睑的压力可以阻止眼部血管过分饱胀。

人在哭泣的时候，面部有许多肌肉收缩，因此上唇朝上拉起，嘴巴往水平方向张开，几乎成了一个四边形；眉毛皱起来，两眉之间出现竖直的皱纹。我们还不知道，为什么哭泣时收缩的是一部分特定的肌肉，但很显然，这些肌肉的收缩是为了从各个方向挤压眼睛，抵消眼部血管内增加的血压。由此，我们可以把身体在哭泣时的表现分成两类：第一类没有什么益处，只是呼吸加剧引发的后果，包括血液向面部和眼部涌流、泪液大量分泌等；第二类则是有益的，包括闭眼和面部肌肉的收缩，旨在保护眼睛免受血流增多的损伤。以下事实可以说明哭泣是一种舒缓神经紧张的有益活动：哭泣之后，人的紧张状况得到缓和，内心也觉得轻松了些；我们都知道，心里的痛苦是可以用眼泪"哭出来"的。

图 68　人类哭泣的表情。

2. 悲伤

悲伤、绝望等情绪的表达其实是哭泣的缩减版。若悲伤尚未到达流泪的地步，则主要表现为某些面部肌肉的收缩。这些收缩使前额出现皱纹，眉毛倾斜，眼睑轻微下垂。人在开始哭泣的时候也常常是这种表情。我们会说，女人或者小孩的"眼睛湿润了"，这种状态很容易就会变成哭泣。男人很少流泪，他们会努力克制痛苦的显现，不让眼泪流出来，但由于童年留下的习惯，还是会有一些肌肉开始收缩，使面部呈现出悲伤的表情。

3. 好心情与笑脸

好心情和悲伤的感觉完全对立：它同样表现为面部肌肉的收缩，收缩情况则恰好和悲伤相反。人在悲伤的时候，额头皱起，眉毛、眼睑、嘴角和整个头部都会下垂；脸会拉长，变得苍白；眼睛哪怕没有流泪，也会失去神采。与此相对，在好心情的作用下，眉毛、眼睑和嘴角都会上扬；额头上即使有皱纹，也会变得平整；脸部舒展开来；眼睛重现光泽；呼吸速度加快。尤其典型的是，鼻子到嘴角之间会由于肌肉收缩而出现一条褶皱。正是这条褶皱使面部露出微笑的表情。

笑和哭一样，也是一种将过度的神经紧张转移到别处的方式。愉快的心情和幸福感也会像痛苦一样给身体带来刺激。不期而至的极乐或是悲伤都可能致人死亡。另外，笑的外在表现也和哭类似。我们有时甚至分不清笑声和哭声。大笑的人可能像哭泣的人那样流眼泪，只不过收缩的肌肉与哭泣时不同，因此大笑的表情和哭泣的表情是大不相同的。

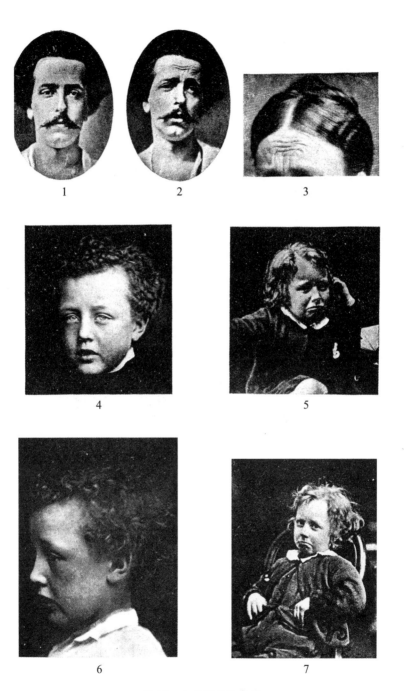

图 69　人类悲伤的表情。

图 70　人类高兴的表情。

4.为什么心怀不满的孩子会噘嘴?

嘴嘴是孩子从人类的猿类祖先那里继承下来的习惯。现代的猿猴如果对什么不满意,也会这么做。为什么猿猴会噘嘴?这样做的好处是什么?为什么不满会导致嘴唇噘起?我们目前还不清楚。

图 71　心怀不满、怒气冲冲的黑猩猩。

5.奇怪的动作

在一些感受表达方式的形成过程中,"习惯"具有重大的意义。人或动物在产生某种感受时,会做出一些有着积极意义的动作。如果这种动作持续反复多次,就会变成一种可以由父母遗传给孩子的习惯。即便动作失去了原本的意义,变得毫无作用,人和动物也往往会继续反复做这个动作,

图 72　台球手不由自主的动作。

但这纯粹是出于习惯。只要看看那些打台球的人，尤其是缺乏经验的新手，就可以相信习惯的力量。按照人们通常的习惯，如果要将物体向右侧移动，身体也要相应右移。台球手也会这么做。如果球沿着错误的方向滚了出去，他也会通过头部和全身的移动，试图把球引向正确的方向，尽管他知道这样做不会有任何作用。

　　类似的情况还会发生在初学书写的学生身上。他们会利用头部、嘴巴和舌头的运动，好让自己笔下的字母更好地落在纸上。把一只成年猫放在一块皮毛上，它会开始用前掌踩压皮毛，张开脚趾，并微微露出爪子。简而言之，就是像在哺乳期间那样，给猫妈妈"踩奶"。通过用爪子在乳头周围按压，小猫可以促进母猫乳汁的分泌，就像帮妈妈挤奶一样。当成年猫置身于一块毛皮之上，它又按照过去的习惯重复这些动作，尽管动作本身其实毫无必要，毛皮的触感引发了这样的反射。

图 73　书写时的不自主运动。

人和动物的模仿倾向在习惯的形成中也发挥着重要作用。当人用剪刀去剪厚纸板等硬物时，他会在无意识的情况下，随着剪刀的节奏开合嘴巴，好像在模仿剪刀的剪切动作。

图 74　正在使用剪刀的人，会随着剪刀的开合而不由自主地张嘴和闭嘴。

6.愤怒与暴怒

　　满腔怒火的人就像一条准备和同类干架的狗。准备战斗的狗会露出牙齿。这既是一种威胁，又是对战斗的准备，有几分耀武扬威的意味。狗的尾巴也处在紧张状态。变得像弹簧一样坚硬而富有弹性。这时的狗不会像平时性情温和的时候那样摇晃尾巴，只有尾尖轻轻颤动。

图 75　狗愤怒时的体态。

　　尾巴的这种状态表明，狗的肌肉紧绷，随时可以开展突然进攻。处于愤怒和战备状态下的狗就像一张拉满的弓：只要手指轻轻一动，就能让箭全速离弦。此外，狗在开战前还收紧了耳朵——这是为了防止耳朵在战斗过程中被对手轻易抓住。公牛、山羊、绵羊等不会在打架时撕咬对方的动物就不会收紧耳朵，但马会这么做——它们可是会咬人的。另外，狗在战斗之前还会竖起毛发。这种无意识的反应是为了让自身体型增大，以此来威吓对手；而在任何战斗之中，被吓坏的一方都面临着战败的危险。

图 76　狗准备战斗时的表情。

　　愤怒的人当然不会像狗一样收紧耳朵，因为人的耳朵不会动；头发也不会直立起来；尾巴也没什么用处，因为它根本不存在。但是在其他方面，人生气和狗发怒的反应却并没有什么不同。心跳加速——脸色变红；呼吸加快——鼻孔扩张，使更多空气进入肺部；眉头通常会皱起，牙齿上下紧扣，而这些就和狗尾巴的状态一样，说明了肌肉处于紧张状态。人在生气的时候，不会像暴怒的人那样横冲直撞；他（她）会牢牢站定，头部保持正直或微微后扬，拳头紧握，总体来说就是用身体姿态告诉对方：我马上就要朝你冲过去了。

　　如果一个人非常生气，几乎达到暴怒的程度，那么他会龇牙，一般还会朝着对手的方向抬起嘴唇，让对方看到自己的犬牙，这与狗龇牙的行为非常相似。

　　一个有教养的人，无论多生气都不会产生咬人的想法。但是他的野人祖先却有可能像猴子那样，用牙齿作武器；一些小孩子或原始部族也会这样做。现代人的犬牙并不比其他牙齿长，因此今天向对手露出犬牙已经没

图 77 人类愤怒的表情。

什么意义了，哪怕当事人在打斗时真的会用上牙齿。这种展示犬牙的习惯想必来自过去，那时的人类或人类的祖先还像现代的猿猴一样，有着比其他牙齿更长的犬牙，专门用来撕咬敌人。

暴怒是一种强烈的愤怒；它的总体表现和愤怒类似，只是程度更强。但是，暴怒的人不会稳稳站在原处，而是直接冲向对手；如果没有对手，那他就会在周围乱转，不管抓着什么都会乱丢一气，还攻击无辜的人或动物，好像大家都是导致他暴怒的罪魁祸首。

7. 恐惧

当我们觉得恐惧的时候，我们的眼睛和嘴巴都会张得很大，眉毛上抬，心跳加剧，但脸色却变得苍白，这是因为面部血管收缩变细。有时候恰恰相反，心跳变得极其微弱，人也随之晕倒。万一陷入了极度的恐惧，人全身上下都会冒出冷汗，肌肉和嘴唇开始颤抖，手臂像要抵御危险似的向前伸出，声音变得沙哑或完全消失，产生一种想要拼命逃跑的念头。这种念头在战争中尤其常见。如果感受到恐怖，或者说极强的恐惧，人的毛发会直立，皮肤也会产生一种被蚂蚁爬遍的感觉。

达尔文认为，恐惧的某些表现是野蛮时期的人类留给后代的遗产。受惊的野蛮人睁大眼睛，是为了更快更好地看清引发惊吓的原因。拔腿就跑的冲动就不需要解释了。毛发直立和受惊的猫狗"炸毛"一样，是一种通过增大体型吓退对手的策略；这种策略的使用当然是无意识的——无论是狗还是人，毛发都是自己直立起来的，恐惧感就是唯一的诱因。竖起的不仅是头发，还有全身的体毛；正是它们使皮肤发痒，引发了大家所说的"蚂蚁爬满身""起鸡皮疙瘩"的感觉。

如今，由于遗传的影响，我们在感觉到恐惧时会无意识地重复祖先们

图 78　猫愤怒、恐惧时的体态。

的动作;其中一些动作有着明确的目的,另一些则是那些动作引发的必然后果。现在,人们在感到恐惧时已不必加紧环顾四周、聆听声音,但他们还是会睁大眼睛,张大嘴巴,企图逃跑,还会因为整个神经系统过度紧张而变得衰弱无力,甚至晕倒。

8. 为什么羞怯使人脸红?

人通常会用两种方式来表达自己的感觉和想法。一种是完全有条件、有意识的;另一种则是身体对个体心理状态的自然反应。那些有条件的方式是人为形成的,所以在不同民族之间存在差异。西方彼此问候的普遍方式是握手或脱帽,而有些民族可能会彼此嗅闻。

人们用自然的方式来表达愤怒、痛苦、恐惧等情绪。这类表达在各民族都是一致的。达尔文对各种情感的表达进行了大量研究:他向在英国各殖民地供职的同胞发放调查问卷,通过众人的答复了解到许多不同的民族表达情感的方式,其中甚至还有野蛮人和食人族。调查结果表明,不同民族表达上述几种情绪的方式是一致的。顺便一提,所有人都会因羞怯而脸红。黑人脸红起来当然不太明显,但是达尔文找来了一个脸上有伤疤的黑人做研究对象。黑人脸的疤痕上长出的新皮肤不含色素,呈现出白色,这样就在脸颊上形成了一道白色条纹。当黑人觉得羞怯的时候,白色条纹变成了红色。

众所周知,脸红是羞怯的主要表现。除此之外,害羞的人还会垂下眼睛,向旁边看,转过头去,有时还会用袖子遮住脸。所有这些动作都表明,羞怯的人想要把脸藏起来,不让他们羞于面对的人看到。达尔文认为,这些表达羞怯的方式是因为害羞的人重视他人的观点,害怕他人对自己形成消极的看法。最初,羞怯感出现于两性关系之中。年轻人(特别是青年女子)对于年轻异性对自己的看法非常敏感。在多数情况下,他们担心自己

的外表不够有吸引力，而脸是外表最重要
的组成部分。只要产生一丁点儿怀疑，认
为自己的面孔给人带来了不好的印象，害
羞的人首先想到的就是把脸藏起来，所以
才把脸转向一边或用手捂住。面部充血的
原因是，害羞的人把所有注意力都集中在
自己的脸上，血液随着注意力的集中涌入
相应部位，从而导致脸红。一个人把注意
力集中在身体的某个器官时，可能会引起
该器官发生各种变化，甚至影响它的正常
活动；总是疑神疑鬼觉得自己患有各种疾
病的人，最终可能真的会患上其中的一种。
羞怯感的产生最初是由于害羞的人被异性

图 79　羞怯的表现。

对自己外貌的看法所困扰。但是到了后来，人只是出于习惯而重复这些动
作，甚至在一些应该为自己的行为感到羞耻的情况下也会脸红。

9. 对立的法则

有一些感受是彼此对立的；快乐与悲伤相对，平和与愤怒相对，等等。
这些对立的感觉会以相反的方式表现出来。生气的猫准备扑向敌人时，会
将身体贴地，耳朵收紧，尾巴像弹簧一样富有韧性，整只猫都处于紧绷状
态。而在心情平静的时候，猫会高高站起，尾巴竖直，耳朵微微抬起，还
会发出咕噜声，好像想用行动说："看啊，我完全没有恶意，甚至恰好相
反，对你充满好感。"狗也是一样。向人示好的狗会扭动全身，大幅摇动尾
巴，蹦蹦跳跳，舔人的手，总之就是做出一些和愤怒状态完全相反的动作。

图 80　猫准备战斗时的体态。

　　我们在人身上也可以观察到类似的现象。生气的人全身肌肉都很紧张，牙关紧咬，拳头紧握，眉头紧皱。当一个人满怀决心，自信实力，准备以某种方式彰显自己的能量时，也会有类似的表现。而一个自知无能为力的人就会以相反的表现流露出自己的感受。他的肌肉松弛，面孔朝下，嘴巴半张，双手下垂，手掌张开。总之就像是想用动作表示："看啊，我什么也做不了。"

图 81　猫表示亲昵时的体态。

第十二部分　生殖

1. 身体什么时候最浪费？

　　动物和人类的身体构造遵循着严格的节约原则：没有任何东西是多余的。物质只在必要时消耗。但是，一旦到了生殖环节，身体就会变得"浪费"。这在所谓"体外受精"的动物身上尤为明显，鱼类就是一个例子。有的鱼一次可以排出数十万乃至数百万枚卵，但其中只要有两枚存活到成鱼阶段，就可以确保这一品种的延续了。

　　人类的生殖过程中也存在明显的"浪费"，尽管程度比鱼类小得多。女性刚出生时，她体内就已经拥有了一生中所能产生的全部卵细胞，其数量大约是 35000 个。其中能成熟的卵细胞数远小于总数，但还是多于能够变成新生命的卵细胞数（约 200 个）。这 200 个卵细胞中能有 20 个以上完成受精就极其罕见了。很少有女性能成为近 20 个孩子的生母。一般认为，生出 10 个孩子的女性就已经是多产的母亲了。这 10 个孩子通常是一个接一个地出生的，彼此之间至少相隔一年；有时候也会生出双胞胎，而生出双胞胎一般会有两种情况。如果是两枚卵细胞分别受精，那么双胞胎有可能是不同性别；即便性别相同，彼此容貌也少有相似。更常见的情况是，两个胚胎来自同一枚卵细胞，卵细胞在受精之后就开始进行分裂，也就是说，首先从一个整体分成两半，其次每一半再分成两半，就这样持续下去，伴随着子宫内的胚胎以及出世后的婴儿的一生。由于各种偶然情况的存在，一开始分出的两半可能会彼此脱离，于是它们就各自形成了一个完整的人。在这种情况下，来自同一枚卵细胞的双胞胎总是性别相同，长得也非常相似，连他们的父母也难以区分。产妇生下三胞胎或四胞胎的情况还要更少见一点；另外也有女性一次生出五个孩子的先例。

　　如果说女性的身体在生殖过程中非常浪费，那么男性的身体只能是有过之而无不及。要想使卵细胞受精，只要一枚精子就够了，从来不会有两枚精子同时参与其中；然而，仅仅一立方毫米的精液中就有约 6 万枚精子，而一次射精释放的精子数大概有 2.6 亿枚之多！

2．像潜水员一样

如果将涂满清漆的鸡蛋拿给母鸡孵化，鸡蛋是孵不出小鸡的。胚胎开始生长，但很快就因为窒息而死亡。胚胎在整个生长过程中都在呼吸，也就是说，空气中的氧进入它的体内并与碳结合，由此产生的二氧化碳被排出体外。这样的气体交换是通过疏松多孔的蛋壳来实现的。因此，孵化器（即人工孵蛋的装置）中务必保持通风。

母亲子宫中的人类胎儿也需要呼吸。可它在那儿怎么呼吸呢？胎儿置身于一个名叫"羊膜"的袋状物之中；这个袋状物里充满了大量液体，胎儿也完全浸没内。连接胎儿和子宫壁的是一条名为"脐带"的长管道。管道的一端连着胎儿的肚脐，另一端连着子宫壁上名叫"胎盘"的部位。胎儿正是通过这条管道接受来自母体的营养物质以及维持呼吸的氧气供给。一条血管从胎儿身上出发，其中输送的是静脉血（但并不完全是）。这些血液通过脐带到达胎盘附近，将其中的二氧化碳释放到母亲的血液中去，再从那里汲取氧气。这样一来，母亲的动脉血就在胎盘那里变成静脉血，由此流至心脏右部，再被心脏输送到肺部完成氧化。而胎儿的血液在胎盘那里变成动脉血，经由脐静脉回到胎儿体内。

由此可见，胎儿的呼吸方式就像水下作业的潜水员一样。泵入管道的空气为潜水员提供氧气；胎儿也是用同样的方式，借助脐带这条管道从母体血液中获得氧气的。

3. "穿着衬衫出生"是什么意思?

胎儿所在的液体囊叫作羊膜，其中的液体叫作羊膜液，也就是妇产科医生所说的"羊水"。这种液体对于胎儿的生命意义重大。它可以保护胎儿的身体免受冲击。羊水的存在使得任何撞击都可以均匀地分散在胎儿身体表面，强度也就显著降低了。此外，胚胎在这种液体中就像不受重力作用似的。胎儿在羊水中的位置就像普拉托的知名实验中，橄榄油在酒精与水的混合物中的位置。因为橄榄油的比重和混合物的比重相等，所以油滴既不会上漂到表面，也不会下沉，只是停留在它最初的位置，并且呈球形。羊水中的胎儿也处于这样的状态。对它来说，这个位置的好处是可以防止身体各部分相互压迫。由于胎儿体内的细胞膜都很软，彼此挤压可能导致细胞合在一起生长，这样生出的就是一个畸形儿，而不是正常的孩子。如果羊水由于羊膜受损过早溢出，便会发生这种情况。在胎儿出生前夕，羊膜上会形成一条裂口，此时羊水流出便是正常情况。孩子出生的时候通常会滑出羊膜，把它留在母亲的子宫内，但有时羊膜也会留在新生儿的身上。人们把这层膜戏称为"衬衫"，说孩子是"穿着衬衫出生的"[①]。

4. 生长规律

无论是母亲子宫内的胎儿，还是降生后的婴儿，其生长都会遵循特定的规律。我们将单位时间内体重的增长作为衡量生长速度的指标，并将增幅表示为相对于计时起点体重的百分比。许多学者的研究表明，个体年龄

---

① 俄语成语，指孩子会有好运。

越大，生长速度越慢，所以每一时间节点的生长速度与个体已经度过的时间（即孩子或胎儿的年龄）的乘积是恒定的。这是因为随着年龄的增长，生长速度会按相应比例逐渐降低。

这个恒定的值，或者说常量，会因肌体生长的环境不同而存在差异。胎儿在子宫中时，它所处的环境是十分独特的。当新生儿离开子宫，开始由母亲哺乳，其生活环境便会发生巨大的变化。而当哺乳期结束，孩子开始摄入其他食物时，情况会再次发生改变。这三种状态各自拥有不同的生长常量。胎儿时期的常量最大，约为 3.9；这个数值就是胎儿生长速度与胎龄的乘积。孩子出生后，常量随即减小到 1.3，并在第一年的哺乳期内保持这个数值。从生命的第二年开始，常量减小得更多了，这明显与婴儿从哺乳向独立进食的转变有关。男孩的常量减小到 0.67，而女孩下降到 0.65。到男孩 12 岁之前、女孩 11 岁之前，常量都会维持在这个水平。在此之后，生殖器官开始发育。这个进程非常缓慢，不同民族的发育结束时间也有所不同：南方人早一点，而北方人较晚。在此期间，生长速度重新提高：生长常量至少翻了一倍。常量的升高状态会一直持续到男孩 19 岁、女孩 18 岁时。此后生长还会再持续几年，但是速度大幅放缓，随后就戛然而止了。

5. 唇裂和腭裂

有些人的上嘴唇像兔子一样裂开，露出里面的门牙。这就是所谓唇裂。为什么会形成这种畸形呢？原来胚胎的上唇是由三块突起构成的；这些突起在生长过程中彼此相连，便形成了完整的嘴唇。但是，这一过程中如果出现问题，某一侧的突起没能和中间部分连接起来，而是隔了一段距离，这段距离就成了可能伴随人一生的裂隙。

与唇裂有关的另一种畸形叫作腭裂。所谓腭裂，指的是新生儿的上腭留有一条纵向的裂隙，鼻腔与口腔由此相通。这条裂隙形成的原因与唇裂类似。坚硬的骨腭是由两块水平板构成的；它们从嘴巴的两侧开始，朝着彼此的方向生长。当它们相遇时，便会形成连续的上腭，将鼻腔和口腔分隔开来。但是，生长中的异常状况使两块水平板没能长到一起去，二者之间就留下了一道裂隙。

6. 夏娃来自亚当吗？

《圣经》里说，上帝首先创造了亚当，然后用亚当的肋骨创造了夏娃。这样一来，女性便成了男性的衍生物。然而现代科学却发现这个说法站不住脚。地球上的所有动物都会死，人类也不例外，所以任何种群只有确保顺利繁殖，才能继续存在。对物种的延续来说，繁殖能力是首要而必需的条件。女性的身体特点更适于生殖，男性在这方面只发挥次要作用。单是这一点，就足以让人怀疑夏娃来自亚当的说法了。

但这一说法还有许多情况需要讨论。不少动物同时拥有两个性别，也就是所谓"雌雄同体"，每个个体既是雄性，又是雌性，而受精通常是交叉进行的。一只动物的卵细胞由另一只动物的精子授精。我们有理由认为，包括人类在内的高等动物都是由那些双性物种进化而来的。这样说的根据在于，这些高等动物和人类的胚胎在发育早期都同时拥有两种性别的生殖器官，在随后的发育过程中，一种性别的器官会停止生长，逐渐消失，而另一种性别的器官继续发育。如果雌性器官停止发育，胎儿就变成雄性，反之亦然。由于雌性动物在繁殖中起主要作用，所以我们可以将雄性动物看作是专门为使雌性卵细胞受精而存在的个体。从某种意义上说，即便这不算是雌性的衍生物，也应该算作雌雄同体的衍生物。雄性只不过是可以独立保持活性的雄性生殖器官，这一点可以在许多动物身上找到事实依据，尽管都是些低等动物。

以轮虫为例。雄性轮虫比雌性小得多，并且没有消化器官。由于不能进食，它不可能真正活着，只在出生后使雌性受精，随即死去。所以雄性轮虫很少见，不过雌性轮虫哪怕在一段时间之内没有雄虫也还能应付。它们可以进行孤雌生殖，用未受精的卵细胞进行繁殖，而且只有在这种繁殖次数太多导致后代退化的时候，雄性才会出现，用受精过程为雌性的卵细胞提供那些由于退化而缺失的物质。还有一种类似蠕虫的动物叫作叉螋，其雄性的体型极其微小，结构就像雌性的幼虫，起初生活在雌性叉螋的食道中，随后爬进子宫，在那里使卵细胞受精。习惯"久坐"的蔓足类动物也是雌雄同体，这种动物之中有一种所谓补充雄性（学名"矮雄"）。它们体型很小，是雌雄同体者身上的寄生虫，靠吸食宿主的体液存活，可以视作真正独立存在的男性生殖器官了。有很多昆虫（比如蚜虫）都能进行孤雌生殖，雄性只是偶尔出现，因此难得一见。有些昆虫的雄性甚至根本没人见到过，所以有人推测说，一些角倍蚜可能根本就没有雄性，全靠孤雌生殖。尽管这种假设令人难以置信，但它说明雄性在动物繁殖中的地位非常次要。

人类经过漫长的进化、繁衍、演变，绝非一个简单的过程，因此很多问题不能做简单的判断。如果非要说谁产生于谁，那么从前面的这一角度来看，似乎也应该反过来——亚当来自夏娃。

7. 女人会长胡子吗?

你知道吗，母鸡有时候会像公鸡一样打鸣；民间对这种母鸡的态度通常是负面的。当母鸡临近暮年，不再孵蛋，卵巢中的卵细胞消耗殆尽之时，身上便经常会发生这种现象。当人类女性迎来"更年期"的时候，也会面

图 82　留胡须的女人。

图 83　一位女性的小胡子。

临非常类似的情况。母鸡和更年期女性之所以会经历这样的变化，是因为她们的身体不再为了繁育后代而消耗材料，而这些未被消耗的材料就导致她们发育出男性特有的第二性征。当然了，并不是每一只老母鸡都会像公鸡一样打鸣，也不是每一位年老的女性都会长出胡须。这种情况通常发生在最强健的个体身上。女性一生中可以产生的卵细胞总数，早在她们出生时就已经预先确定了。在女性的整个生命历程中，这些卵细胞陆续形成，逐渐成熟。事实上，早在女性年迈力衰之前，其体内的卵细胞就已经耗尽了。卵巢中没有卵细胞了，可是无用的材料还有很多，于是它们就参与了一些对身体完全无用的生长。

8. 为什么孕妇的乳腺会发育？

将雌性豚鼠的乳腺切除，并移植到它耳后的皮肤下。腺体与耳后的组织长在了一起，并在豚鼠受孕之后开始发育。豚鼠生出小崽后，耳后的乳腺便开始分泌乳汁。这个实验表明，乳腺在体内的位置对于它在女性妊娠期间的发育情况并没有影响；对此发挥作用的是血液中的某种物质，因为只有血液才可能同时存在于腹部皮下、耳后，以及分布着活组织的一切部位。人们认为，妊娠期女性的血液中会出现一些特殊的激素（即内分泌腺的分泌物），而这些激素会引起乳腺的发育。以下事实可以说明这一点：如果向尚未有过性行为的豚鼠的血液中注射来自豚鼠胚胎的提取物，那么这只"处女"豚鼠的乳腺也会开始发育。这些激素调节乳腺的发育：一方面促进发育；另一方面也抑制过早过快发育。

如果将一只怀孕初期的狗的血液注入另一只处于分娩后哺乳期的狗的静脉，后者就会停止产奶。这是因为怀孕动物的血液含有一种物质，可以抑制乳汁的分泌。如果在兔子孕期的前半程中断其妊娠，不仅取出其胚胎，还摘除其子宫和卵巢，兔子乳腺的发育就会停止。但如果在孕期后半程进行这些操作，那么经过一段时间之后，乳腺就会分泌乳汁。为了找到分泌催乳激素的腺体位置，人们将动物不同器官的提取物注入它们的血液。这些实验表明，充当这种腺体的主要是怀孕雌性子宫中的胚胎。

9. 雄性也能产奶？

雄性动物也有乳腺，只不过发育不全，不能产生乳汁。唯有单孔类哺乳动物例外——鸭嘴兽和针鼹都是由雄性产奶的。不过由于异常或畸形，有过山羊和公牛身上能挤出奶的先例，也出现过人类男性产生乳汁的案例。

10. 把雄性变成雌性，把雌性变成雄性？

性腺，也就是男性的睾丸和女性的卵巢，除了行使产生生殖细胞（精子和卵子）的直接功能之外，还扮演着内分泌腺的角色。它们的分泌物，也就是激素，不仅增强肌体的生命活力，还能在外表和心理上赋予其性别特征。以发现返老还童术而闻名的维也纳学者斯坦纳赫[1]，就把雄性大鼠变成了雌性大鼠，又把雌性变成了雄性。如果摘除雌鼠体内的卵巢，把雄鼠的睾丸移植过来，那么雌性就会变得像雄性一样，不仅停止了乳腺发育，而且出现了雄性的外表和习惯。它的体型变得更大，和其他雄鼠打架，甚至开始追求其他雌鼠。反过来，如果将雄鼠的睾丸摘除，向它移植雌鼠的卵巢（哪怕只是移植到皮下），雄性就好像变成了雌性。它获得了雌鼠的外表和习性，开始发育乳腺；这只雄鼠还会用自己的乳汁喂养放在身边的幼鼠。俄罗斯学者扎瓦多夫斯基[2]用同样的方式将母鸡变成了公鸡，把公鸡变成了母鸡。

---

[1]　尤金·斯坦纳赫（1861～1944），奥地利生理学家，性科学的先驱。

[2]　米哈伊尔·米哈伊洛维奇·扎瓦多夫斯基（1895～1951），俄罗斯生物学家。